ÉLÉMENTS

DE

MÉCANIQUE

RÉDIGÉS CONFORMÉMENT
AU PROGRAMME DE L'ENSEIGNEMENT SCIENTIFIQUE
DANS LES LYCÉES

PAR

M. MASCART

MEMBRE DE L'INSTITUT

NEUVIÈME ÉDITION

PARIS
LIBRAIRIE HACHETTE ET Cie
79, BOULEVARD SAINT-GERMAIN, 79

3 fr.

ÉLÉMENTS

DE

MÉCANIQUE

COULOMMIERS
Imprimerie Paul Brodard.

ÉLÉMENTS
DE
MÉCANIQUE

RÉDIGÉS CONFORMÉMENT
AU PROGRAMME DE L'ENSEIGNEMENT SCIENTIFIQUE
DANS LES LYCÉES

PAR

M. MASCART
MEMBRE DE L'INSTITUT

NEUVIÈME ÉDITION

PARIS
LIBRAIRIE HACHETTE ET Cie
79, BOULEVARD SAINT-GERMAIN, 79

1910

ÉLÉMENTS

DE MÉCANIQUE

INTRODUCTION

1. — Un corps est dit en *repos* quand il occupe constamment la même position dans l'espace ; il est en *mouvement* quand il occupe à diverses époques des positions différentes.

Quand un corps en repos est abandonné à lui-même, il reste indéfiniment en repos. Quand le corps, au contraire, passe de l'état de repos à l'état de mouvement, il ne peut le faire que sous l'influence d'une cause étrangère qu'on appelle *force*.

Il arrive souvent qu'un corps reste au repos quoique soumis à l'action de plusieurs causes extérieures qui le mettraient en mouvement si elles agissaient séparément. D'après cela, nous appellerons force *toute cause qui produit ou qui tend à produire le mouvement d'un corps*.

2. — La *mécanique* a pour objet l'étude des forces et des mouvements qu'elles impriment aux corps. On divise généralement cette science en trois parties principales : la *statique*, la *cinématique* et la *dynamique*.

Lorsque plusieurs forces, agissant en même temps sur un corps en repos, le laissent en repos, on dit qu'elles se font équilibre. La *statique* est l'étude des forces qui se font équilibre.

La *cinématique* est l'étude des lois du mouvement, d'un point de vue purement géométrique, abstraction faite des forces qui le produisent.

Enfin la *dynamique* est l'étude des lois du mouvement en tenant compte des forces sous l'influence desquelles il a lieu.

Dans un grand nombre de questions de mécanique, quand on considère le mouvement d'un corps, on peut faire abstraction de ses dimensions et le réduire par la pensée à un point où toute la matière du corps serait condensée. On donne à un pareil point le nom de *point matériel*.

STATIQUE

CHAPITRE PREMIER

DÉFINITION ET MESURE DES FORCES

3. — La notion des forces nous vient de l'expérience. Nous avons d'abord le sentiment de la force musculaire par les efforts que nous faisons pour déplacer les corps, les déformer, les briser ; l'effort nécessaire pour soulever un corps pesant, ou pour le soutenir quand nous le tenons dans la main, est une force. Nous remarquons aussi que dans les différents cas ces efforts sont plus ou moins grands et que nous les exerçons dans certaines directions ; d'où nous vient la notion de la grandeur et de la direction des forces.

Il y a trois choses à considérer dans une force : 1° *le point d'application ;* 2° *la direction ;* 3° *l'intensité.* Quand nous tirons un corps par un fil attaché à l'un de ses points, le point où est attaché le fil est le point d'application de la force ; la ligne droite suivant laquelle se dispose le fil tendu est la direction de la force, c'est la droite suivant laquelle se déplacerait le point d'application s'il était libre ; enfin l'effort plus ou moins grand que nous exerçons est l'intensité de la force.

4. — On dit que deux forces sont égales lorsque, appliquées à un même point matériel, dans des directions contraires, elles se font équilibre. Une force est double d'une autre lorsqu'elle fait équilibre à deux forces égales à celle-ci, appliquées au même point en sens contraire ; de même, une force est triple d'une autre quand elle fait équilibre à trois forces égales à cette dernière, et ainsi de suite. On conçoit par là que deux forces puissent être dans un rapport quelconque.

On mesure les forces en les comparant à une d'entre elles prise pour unité. Chaque force est ainsi mesurée par un nombre qui exprime le rapport de la force proposée à celle qui a été prise pour unité. Mais l'intensité d'une force ne suffit pas pour la définir complétement, il faut aussi indiquer son point d'application et sa direction.

Soit M (fig. 1) le point d'application d'une force, MX sa direction ; prenons sur la droite MX une longueur MA proportionnelle au nombre qui mesure la force, c'est-à-dire qui contienne autant de fois l'unité de longueur que la force proposée contient l'unité de force, la longueur MA représentera complétement la force : son point d'application, sa direction et son intensité.

Fig. 1.

3. — Les forces sont de différentes sortes. Un corps abandonné à lui-même à une certaine distance du sol tombe sous l'influence d'une force qu'on appelle la pesanteur. Quand un corps est suspendu à un fil, la direction du fil est la direction de la pesanteur, l'effort nécessaire pour empêcher le corps de tomber est une force égale et contraire au poids du corps. Une lame d'acier que l'on a déformée et qu'on abandonne ensuite à elle-même, reprend sa forme primitive sous l'influence d'une force qu'on appelle l'élasticité. Les êtres animés, par la contraction de leurs muscles, peuvent exercer des forces sur les corps extérieurs. La tension de la vapeur d'eau, la pression exercée par le vent, les actions électriques et magnétiques sont encore des forces, etc.

Malgré ces différences, toutes les forces peuvent être comparées les unes aux autres. On a pris pour unité de force le *kilogramme;* c'est le poids d'un décimètre cube d'eau distillée au maximum de densité, c'est-à-dire à la température de 4° centigrades au-dessus de zéro.

Comme l'air exerce une influence sur la détermination des poids, et comme la pesanteur n'est pas absolument la même en différents points de la surface du sol, on suppose, pour préciser davantage la définition de l'unité de force, que l'expérience est faite dans le vide, à Paris.

On détermine le poids des différents corps au moyen de la balance ; mais, pour comparer les autres forces au kilogramme, on se sert d'instruments particuliers appelés *dynamomètres*.

6. — Un dynamomètre se compose essentiellement d'un ressort d'acier qui se déforme plus ou moins quand on le soumet à l'action de forces plus ou moins grandes, et qui reprend exactement son état primitif quand on supprime la force qu'on lui avait appliquée. On juge de l'intensité d'une force par la grandeur de la déformation qu'elle fait subir au ressort d'acier. Tous ces instruments, quelle que soit leur disposition, se graduent de la même manière. On suspend d'abord au dynamomètre des poids de 1, 2, 3, 10, 100 kilogrammes; on marque à chaque déformation un chiffre indiquant le nombre de kilogrammes qui l'ont produite, et la graduation est terminée. Supposons qu'une force quelconque, un effort musculaire par exemple, appliquée au dynamomètre, le déforme jusqu'à la division 3, cette force produit le même effet que 3 kilogrammes; elle est donc égale à 3 kilogrammes, et ainsi pour les autres. Nous décrirons quelques-uns des dynamomètres les plus employés.

7. — Le *peson à ressort* se compose d'une lame d'acier AOB (fig. 2) courbée en forme de V. A l'extrémité A de l'une des branches est fixé un arc de cercle en fer AD, qui passe librement à travers une ouverture pratiquée dans l'autre branche OB. En un point C de la branche OB est fixé un second arc de cercle CE, qui passe librement à travers une ouverture pratiquée dans la branche OA. L'arc AD porte un anneau F qui permet d'attacher l'instrument à un point fixe ; l'arc CE porte aussi un crochet G auquel on applique les différentes forces qu'on veut évaluer. Pour graduer le dynamomètre, on le suspend par le crochet F à un

point fixe, et on attache au crochet G des poids de 1, 2, 3 kilogrammes; les deux branches se rapprochent, et on marque à chaque opération le point de l'arc AD en face duquel s'arrête la branche BO. On peut ensuite appliquer au crochet G une force quelconque; le numéro de la division auquel cette force amènera le dynamomètre indiquera l'intensité de la force en kilogrammes. Afin d'empêcher la compression de dépasser une certaine limite, ce qui pourrait briser le ressort ou lui donner une déformation permanente, on place sur l'arc AD un talon H contre lequel vient buter la branche OB lorsque la force qu'on applique au dynamomètre est trop grande.

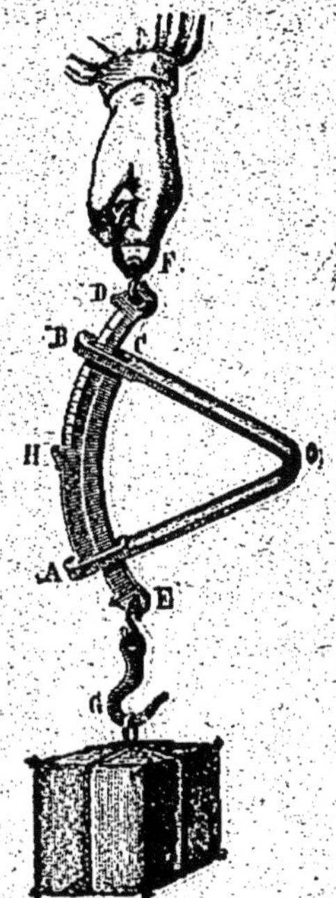

Fig. 2.

8. — Le *dynamomètre Régnier* (fig. 3) permet de mesurer des forces plus grandes que le peson. Cet instrument se compose de deux lames d'acier AB, CD, réunies à leurs extrémités par des pièces courbes F, G. On attache le dynamomètre à un point fixe par la pièce F, et on applique en G la force qu'on veut évaluer. Sous l'influence de cette traction, les deux branches du ressort se rapprochent, la branche CD pousse une tige ML articulée en L avec un levier coudé LIK pouvant tourner autour du point I. Ce levier déplace une aiguille OE qui tourne autour du point O et dont l'extrémité E se meut en face d'un arc de cercle divisé; un petit ressort maintient toujours l'aiguille en contact avec le levier. On gradue cet instrument, comme le précédent, en le suspendant par le point F et en attachant au point G des poids marqués.

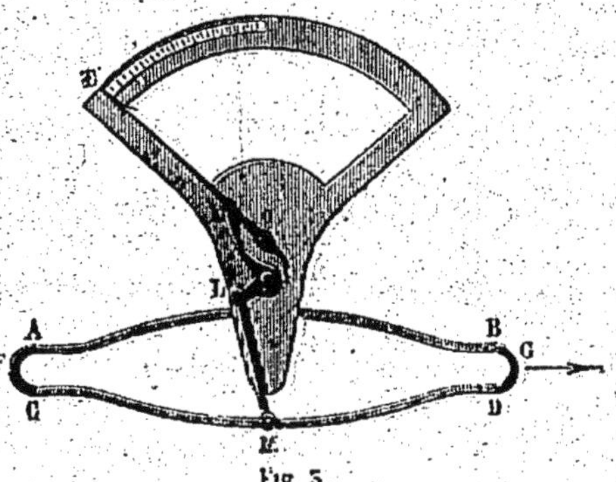

Fig. 3.

9. — Dans les deux dynamomètres qui précèdent, on remarque que les divisions ne sont pas équidistantes; elles se rapprochent de plus en plus à mesure qu'elles correspondent à des forces plus grandes. L'accroissement de déformation que l'on obtient en augmentant d'un kilogramme la force qui agit sur l'instrument, est d'autant plus petit que la déformation est déjà plus grande. Il en résulte que la précision des mesures est moindre pour les plus grandes forces.

Poncelet a imaginé un dynamomètre très-simple qui ne présente pas les mêmes inconvénients. Cet instrument se compose de deux lames d'acier AB, CD (fig. 4), réunies à leurs extrémités par des pièces articulées. Le milieu de la première lame AB est attaché à un point fixe par un anneau, et à l'aide d'un crochet, on fait agir la force sur le milieu de l'autre lame. L'épaisseur de ces lames va en diminuant régulièrement du milieu vers les extrémités, et, par suite de cette disposition, l'écartement qu'elles subissent est sensiblement proportionnel à la force entre des limites assez grandes.

Fig. 4.

CHAPITRE II

COMPOSITION DES FORCES APPLIQUÉES A UN MÊME POINT

10. — Lorsque plusieurs forces agissent simultanément sur un même point matériel, on peut les remplacer par une force unique qu'on appelle leur *résultante*.

Considérons, par exemple, deux forces F et F′ (fig. 5) appliquées simultanément à un même point matériel M au repos ; elles tendent à faire mouvoir ce point dans une certaine direction. On conçoit bien qu'une troisième force R′, d'une grandeur convenable, appliquée au point M, dans une direction opposée, le maintienne au repos, et, par suite, fasse équilibre aux deux forces F et F′. Une force R, égale et contraire à la force R′, est la résultante des deux forces F et F′, car cette force R fait équilibre à la force R′, de même que les deux forces simultanées F et F′.

On montrerait de même qu'on peut remplacer par une force unique un nombre quelconque de forces agissant simultanément sur un même point matériel.

Quand on détermine la résultante de plusieurs forces, on dit qu'on les *compose*, et les forces que l'on compose sont appelées forces *composantes*.

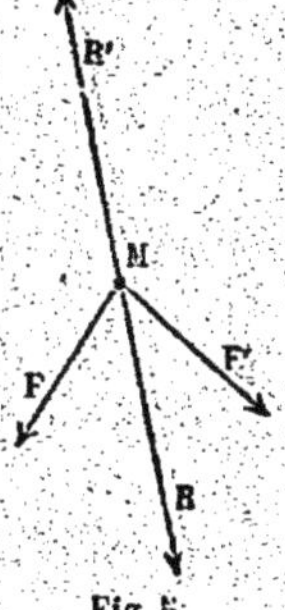

Fig. 5.

Réciproquement, on peut remplacer une force donnée par plusieurs autres, ou *décomposer* une force en plusieurs autres, qu'on appelle encore les composantes de la force proposée.

11. — La théorie de la composition des forces repose sur le principe suivant :

On peut appliquer une force en un point quelconque de sa direction, pourvu que ce point soit lié au premier point d'application par une droite rigide et inextensible.

Il est évident d'abord que deux forces égales et contraires F et — F, appliquées aux deux extrémités A et B (fig. 6) d'une droite rigide et inextensible, et agissant dans la direction de cette droite, se font équilibre ; car il n'y a pas de raison pour que le mouvement de la droite naisse d'un côté plutôt que de l'autre.

Fig. 6.

Soit maintenant une force quelconque F appliquée au point A (fig. 7); prenons sur la direction de cette force un autre point B invariablement lié au point A, de manière que la longueur AB soit invariable. Appliquons au point B deux forces opposées F′ et — F′, égales entre elles et à la force F, et agissant suivant la même droite AB. Ces deux forces — F′ et F′ ne changent rien à l'état des choses, puisqu'elles se font équilibre. Mais les forces

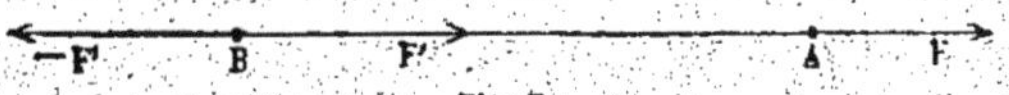

Fig. 7.

— F′ et F, égales et contraires, appliquées aux extrémités d'une droite rigide et inextensible AB, se font aussi équilibre ; on peut les supprimer, et il ne restera que la force F′ appliquée au point B. On peut donc remplacer la force F appliquée en A par une force égale et de même sens F′ appliquée en un point quelconque B de sa direction.

12. — Réciproquement, il n'y a pas d'autre manière de remplacer une force par une autre.

Remarquons d'abord que deux forces F et — F′ inégales (fig. 8), appliquées aux deux extrémités d'une droite AB, et agissant dans la direction de cette droite en sens contraires, ne peuvent pas se faire équilibre ; la droite se meut évidemment dans le sens de la plus grande force.

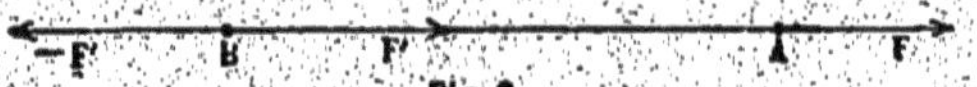

Fig. 8.

En second lieu, deux forces F et F′ non opposées, appliquées en deux points A et B (fig. 9) invariablement liés entre eux, ne peuvent pas non plus se faire équilibre. En effet, si l'équilibre existe, la droite AB, d'abord en repos, restera en repos quand on fera agir les deux forces, et on ne détruira pas l'équilibre en fixant un des points de cette droite. Puisque les deux forces F et F′ ne sont pas directement opposées, l'une d'elles au moins, par exemple F′, n'est pas dirigée suivant la ligne AB. Fixons maintenant le point A, la force F sera détruite par ce point fixe, il ne restera plus que la force F′, dont la direction ne passe pas par le point A. Il est clair que cette force F′ fera tourner la droite autour du point A ; par suite, les deux forces F et F′ ne se faisaient pas équilibre.

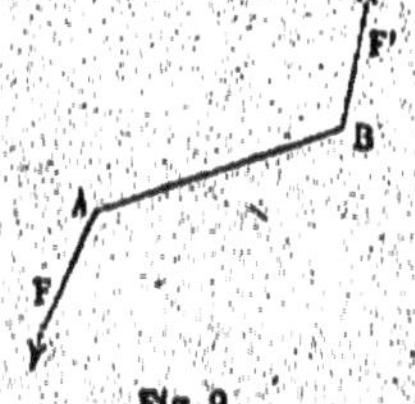

Fig. 9.

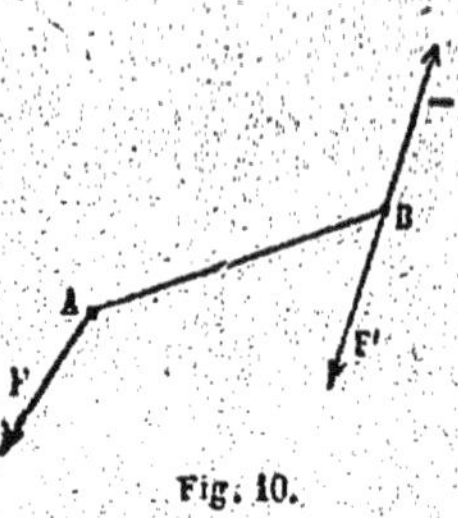

Fig. 10.

Cela posé, soit A (fig. 10) le point d'application d'une force F; voyons à quelles conditions on peut la remplacer par une force F′ appliquée en un point B, lié invariablement au point A. Appliquons au point B deux forces égales et opposées F′ et — F′. Pour qu'on puisse remplacer la force F par la force F′, il faut qu'on puisse supprimer les deux forces F et — F′, et, par suite, que ces deux forces se fassent équilibre. Si les deux forces F et — F′ ne sont pas directement opposées, nous venons de voir qu'elles ne peuvent pas se faire équilibre. Si, étant directement opposées, elles sont inégales, elles ne font pas encore équilibre. Si elles sont égales et directement opposées, elles se font équilibre, mais alors la force F′ est égale à la force F, et elle agit suivant la même ligne droite, dans le même sens. On énonce ordinairement ce résultat en disant qu'on peut *transporter* une force en un point quelconque de la droite suivant laquelle elle agit, pourvu que le second point d'application soit invariablement lié au premier.

Quand nous changerons les points d'application des forces, il faudra toujours supposer implicitement que les nouveaux points d'application sont liés aux anciens par des droites rigides et inextensibles. C'est seulement dans ce cas qu'on est autorisé à déplacer les forces.

Composition des forces agissant suivant la même droite.

13. — La résultante de deux forces F et F′, appliquées à un même point matériel et dans la même direction, est égale à la somme F + F′ de ces deux forces. En effet (4), on peut faire équilibre aux deux forces F et F′ en appliquant au même point, en sens contraire, une force R′ égale à leur somme; par suite, la résultante R des deux forces proposées est égale à leur somme F + F′ et elle agit dans la même direction.

De même, la résultante de deux forces F et F′ appliquées à un point matériel suivant la même droite, mais en sens contraires, est égale à leur différence, et elle agit dans le sens de la plus grande.

En général, si l'on veut composer des forces en nombre quelconque appliquées à un point matériel, suivant la même droite, on fera la somme S de toutes celles qui agissent dans un sens, la somme S′ de toutes celles qui sont dirigées en sens contraire;

la résultante sera égale à la différence de ces deux sommes, et elle sera dirigée dans le sens des forces qui composent la plus grande somme.

En convenant de considérer comme positives les forces qui agissent dans un sens, et comme négatives celles qui agissent en sens contraire, on peut dire que la résultante est égale à la somme *algébrique* des forces proposées ; le signe de cette somme indique le sens de la résultante.

Composition de deux forces agissant dans des directions différentes

14. — Considérons deux forces F et F′ (fig. 11), de directions différentes, appliquées à un même point matériel M. Nous avons dit déjà (10) que ces deux forces ont une résultante. En second lieu, cette résultante doit être située dans le plan des deux forces par raison de symétrie, et elle est évidemment dirigée dans l'angle FMF′ formé par les directions des deux forces.

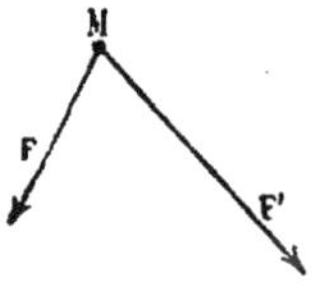

Fig. 11.

Si les deux forces F et F′ (fig. 12) sont égales, la résultante R est dirigée, par raison de symétrie, suivant la bissectrice de l'angle FMF′ des deux forces.

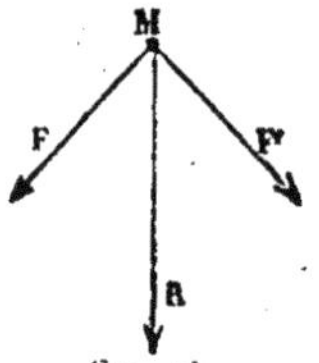

Fig. 12.

Il y a même un cas où l'on voit immédiatement quelle est l'intensité de la résultante, c'est celui où les deux forces égales F et F′ (fig. 13) font entre elles un angle égal à un tiers de circonférence. La force R′, égale et directement opposée à la résultante, fait équilibre aux deux forces F et F′ ; ces trois forces F, F′ et R′ sont également inclinées l'une sur l'autre, deux d'entre elles sont égales, et, par raison de symétrie, l'équilibre ne peut avoir lieu que si la troisième R′ est égale à chacune des deux autres. Donc la résultante R des deux forces F et F′ est égale à chacune d'elles.

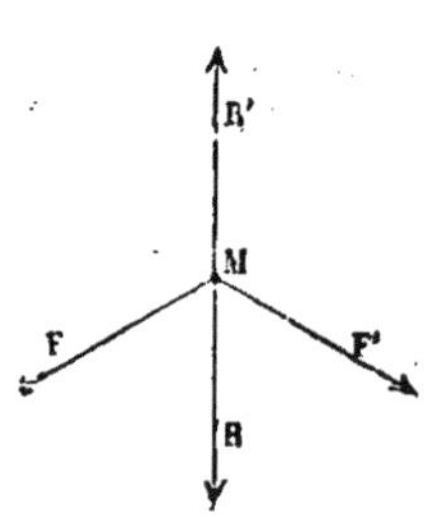

Fig. 13.

15. — Remarquons encore que l'on peut remplacer un système de deux forces quelconques F et F′ (fig. 14), appliquées à un même point matériel M, par deux autres forces F_1, F_1', respectivement égales et parallèles aux deux premières et appliquées en un point quelconque M′ de la direction de la résultante des deux premières. En effet, on peut remplacer ces deux forces F et F′ par leur résultante R, et appliquer cette résultante à un point quelconque M′ de sa direction, en R_1. On peut alors décomposer de nouveau la force R_1 en deux autres F_1 et F_1', respectivement égales et parallèles aux deux forces F et F′.

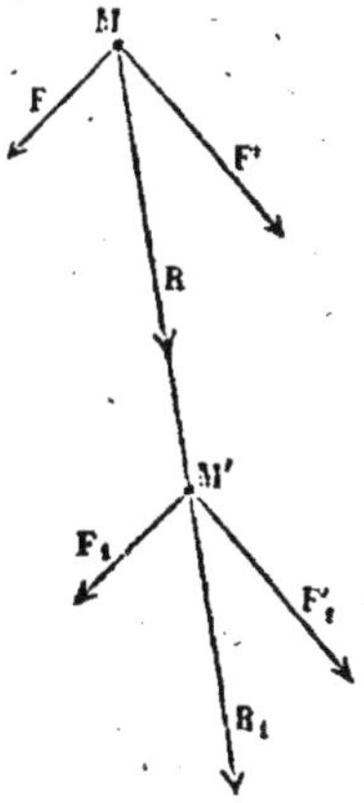

Fig. 14.

Réciproquement, si l'on peut remplacer deux forces F et F′ appliquées au point M par deux autres forces appliquées au point M′, ce point M′ est situé sur la direction de la résultante R des deux forces F et F′. En effet, les deux forces appliquées en M′ admettent une résultante R_1 ; cette résultante R_1, pouvant remplacer la première R (12), lui est égale et est dirigée suivant la même droite.

Direction de la résultante

16. — Déterminons maintenant la direction de la résultante de deux forces quelconques, appliquées à un même point matériel.

Considérons d'abord le cas où l'une des forces est un multiple de l'autre. Soient MA et MB (fig. 15) deux forces appliquées au point M, et supposons qu'on ait MA = 3 MB. Construisons sur les deux forces le parallélogramme MAM′B, décomposons la force MA en trois autres dirigées suivant la même droite, égales entre elles, et par suite égales à la

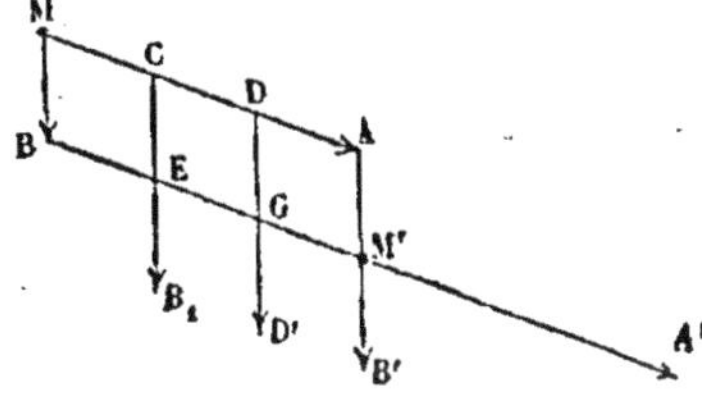

Fig. 15.

force MB. Appliquons l'une d'elles au point M, la seconde au point C, la troisième au point D; ces trois forces seront représentées par les longueurs MC, CD et DA. Menons par les points de division C et D des parallèles à MB, nous diviserons ainsi le parallélogramme en trois losanges égaux. Les deux forces MC et MB étant égales, leur résultante est dirigée suivante la bissectrice de l'angle BMC, qui est la diagonale du losange MCEB; ces deux forces peuvent donc être remplacées (15) par deux autres forces respectivement égales et parallèles, EG et EB_1, appliquées au point E, qui est situé sur la direction de la résultante des deux premières. On peut ensuite transporter la force EG au point M', et la force EB_1 au point C, en CE. On opérera de la même manière sur les deux forces égales CD et CE appliquées au point C; on les remplacera par les deux forces respectivement égales et parallèles GM' et GD' appliquées au point G. On transportera ensuite la force GM' au point M' et la force GD' au point D, en DG. Enfin, on remplacera encore les forces DA et DG par deux forces respectivement égales et parallèles appliquées au point M', l'une M'B', l'autre égale à DA et dirigée suivant M'A'.

Les trois forces appliquées au point M' suivant la droite M'A', sont égales aux forces MC, CD et DA; elles admettent une résultante M'A' égale à MA. Les deux forces MA et MB peuvent être remplacées par les deux forces M'A' et M'B'; le point M' est donc situé sur la direction de la résultante des deux premières (15). Ainsi la direction de la résultante des deux forces MA et MB coïncide avec la diagonale du parallélogramme construit sur ces deux forces.

17. — Considérons ensuite deux forces, MA et MB (fig. 16), qui ont une commune mesure *f*, contenue par exemple 5 fois dans la force MA et 2 fois dans la force MB. Construisons sur les deux forces proposées le parallélogramme MAM'B. Remplaçons la force MB par deux forces MC et CB égales à *f* et appliquées la première au point M, la seconde au point C. Menons par le point C une parallèle à MA, qui déterminera le parallélogramme MADC. Les deux forces MA et MC, d'après ce qui a été dit plus haut, peuvent être remplacées par les deux forces respectivement égales et parallèles DA_1 et DM′ appliquées au point D ; la force DM′ peut être transportée au point M′, et la force DA_1 au point C, en CD. Par la même raison, les deux forces CD et CB appliquées au point C peuvent être remplacées par deux forces appliquées au point M′, l'une M′A′ égale à CD ou MA, l'autre dirigée suivant M′B′ et égale à CB; les deux forces appliquées en M′ suivant la droite M′B′ ont une résultante M′B′ égale à MB. Finalement, on voit que les deux forces MA et MB peuvent être remplacées par deux autres forces M′A′ et M′B′ appliquées en M′; par suite, la direction de leur résultante passe par le point M′, et coïncide avec la diagonale du parallélogramme construit sur les deux forces proposées MA et MB.

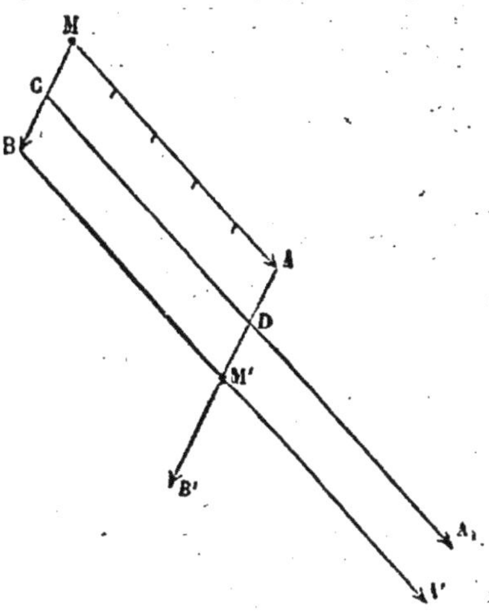

Fig. 16.

Si les forces proposées F et F′ n'ont pas de commune mesure, on peut toujours choisir une force f assez petite pour qu'elle soit contenue exactement dans l'une des forces, F par exemple, et qu'on ne commette pas d'erreur appréciable en remplaçant la force F′ par une autre F'_1 qui soit un multiple entier de f. La même démonstration s'applique aux deux forces F′ et F'_1, et par suite aux forces F et F′.

Donc, *la résultante de deux forces quelconques appliquées à un même point matériel est dirigée suivant la diagonale du parallélogramme construit sur les deux forces proposées.*

Intensité de la résultante

18. — Il reste encore à déterminer l'intensité de la résultante. Soient MA et MB (fig 17) deux forces quelconques appliquées au point M; appliquons, au même point M, une force MC′ égale et directement opposée à la résultante des deux forces MA et MB, cette force MC′ fera équilibre aux deux forces MA et MB. Les trois forces MA, MB, MC′ appliquées au même point se faisant équilibre, une quelconque d'entre elles fait équilibre aux deux autres, et, par suite, est égale et directement opposée à la résultante des deux autres. La résultante des deux forces MB et MC′ doit être égale à MA et dirigée en sens contraire ; il faut, pour cela, que la diagonale du parallélogramme construit sur MB et MC′ soit dirigée suivant le prolongement MA′ de la force MA. Menons BA′ parallèle à la diagonale CM, et A′C′ parallèle à BM ; nous déterminerons ainsi le point C′, et, par suite, l'intensité MC′ de la force qui fait équilibre aux deux forces MA et MB. On voit aisément que MC′ = BA′ = MC, comme parallèles comprises entre parallèles, et, comme la résultante des deux forces MA et MB est égale et opposée à la force MC′, on voit qu'elle sera représentée par la diagonale MC.

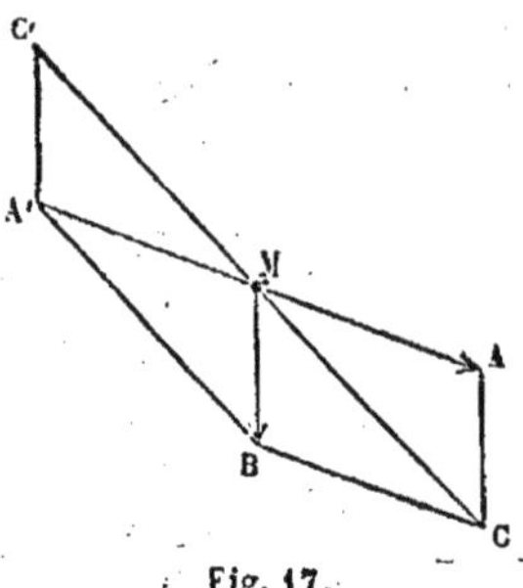

Fig. 17.

Donc, *la résultante de deux forces quelconques appliquées à un même point matériel est représentée en grandeur et en direction par la diagonale du parallélogramme construit sur les deux forces proposées.*

Composition d'un nombre quelconque de forces

10. — On peut envisager autrement la construction de la résultante de deux forces. Dans le parallélogramme MACB (fig. 17), le côté AC est égal et parallèle à MB. Menons par l'extrémité A de la première force une droite AC égale et parallèle à la seconde force MB ; en joignant le point d'application M au point C, nous obtiendrons la résultante MC.

Sous cette forme, la règle s'étend facilement à la composition d'un nombre quelconque de forces appliquées à un même point matériel. Supposons, par exemple, que le point M (fig. 18) soit sollicité par quatre forces F, F', F'', F''', représentées par les longueurs MA, MB, MC, MD. Par l'extrémité A de la première force, menons une droite AB' égale et parallèle à la force F'; MB' sera la résultante R' des deux forces F et F'; menons de même la droite B'C' égale et parallèle à la troisième force F'', MC' sera la résultante R'' des forces R' et F'', et, par suite, la résultante des forces F, F' et F''. Enfin, menons la droite C'D' égale et parallèle à la quatrième force F''', et joignons MD', cette droite MD' sera la résultante R des quatre forces proposées.

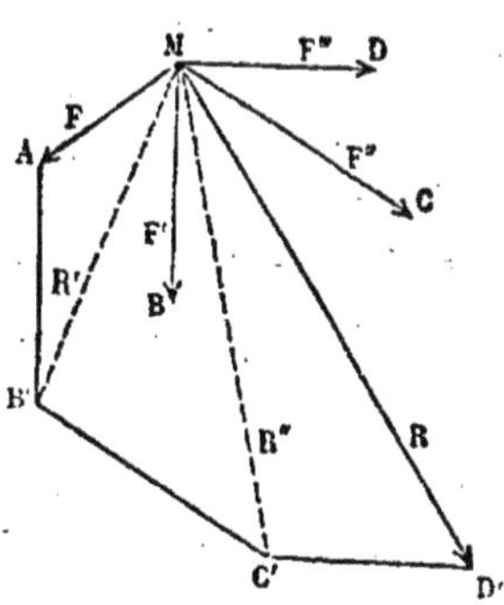

Fig. 18.

Donc, *on obtient la résultante d'un nombre quelconque de forces appliquées à un même point matériel, en formant, à partir de ce point, une ligne brisée dont chacun des côtés est égal et parallèle à une des forces; la droite qui joint le point d'application des forces à l'extrémité de la ligne brisée représente la résultante en grandeur et en direction.*

Lorsque cette ligne brisée est fermée, c'est-à-dire quand ses extrémités se rejoignent, la résultante est nulle et, par suite, les forces proposées se font équilibre.

Si l'on veut composer trois forces F, F', F'' (fig. 19), non situées dans un même plan, on formera comme plus haut la ligne brisée MAB'C', et l'on verra facilement que, dans ce cas particulier, la résultante R est la diagonale MC' du parallélipipède construit sur les longueurs MA, MB, MC, qui représentent les trois forces F, F' et F''.

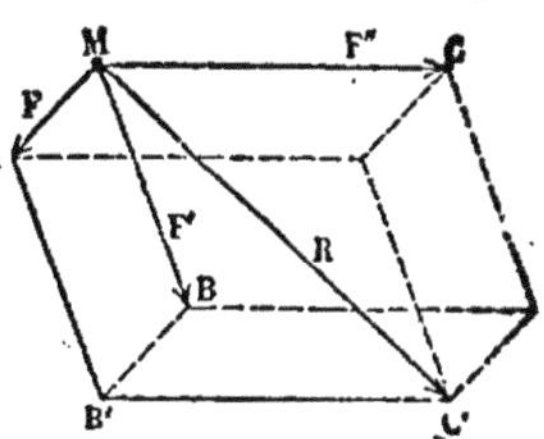

Fig. 19.

Calcul de la résultante

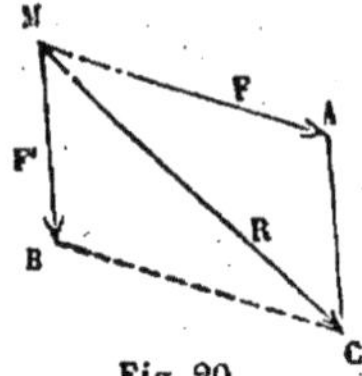

Fig. 20.

20. — Le triangle MAC (fig. 20), dans lequel les côtés MA et AC représentent deux composantes F et F' et MC leur résultante R, permet de calculer la résultante. On a, en effet,

$$\overline{MC}^2 = \overline{MA}^2 + \overline{AC}^2 - 2 \,.\, MA \,.\, AC \,.\, \cos MAC.$$

En désignant par (F. F') l'angle AMB formé par les directions des deux forces F et F', on a

$$\cos MAC = - \cos BMA = - \cos (F.F').$$

Par suite, on peut écrire

$$R^2 = F^2 + F'^2 + 2\, FF' \cos (F.F').$$

Si les deux composantes sont rectangulaires, le cosinus est nul, et il vient

$$R^2 = F^2 + F'^2.$$

Dans ce cas, le carré de la résultante est égal à la somme des carrés des composantes.

Si les deux composantes sont dirigées suivant la même droite et de même sens, l'angle (F. F') est nul, il vient alors

$$R^2 = F^2 + F'^2 + 2\, F\, F' = (F + F')^2;$$

d'où $$R = F + F'.$$

Si les forces F et F' sont de sens contraires, l'angle (F. F') est égal à 180°, et l'on a

$$R^2 = F^2 + F'^2 - 2\, FF' = (F - F')^2,$$

d'où $$R = F - F'.$$

Ces résultats s'accordent avec ce que nous avons dit plus haut sur la composition des forces qui agissent suivant la même droite (13).

Si l'on a à composer trois forces F, F', F'' perpendiculaires deux à deux, le parallélipipède construit sur ces trois forces est rectangle ; alors le carré de la diagonale est égal à la somme des carrés des trois arêtes issues d'un même sommet, ce qui donne

$$R^2 = F^2 + F'^2 + F''^2.$$

Le carré de la résultante est égal à la somme des carrés des trois forces proposées.

Décomposition d'une force en plusieurs autres appliquées au même point

21. — Il est souvent utile de décomposer une force en plusieurs autres, de directions et d'intensités différentes.

Si l'on veut, par exemple, décomposer une force MC (fig. 20) en deux autres situées dans un même plan avec la force proposée, on n'aura qu'à construire le triangle MAC, et la question donne lieu à plusieurs problèmes correspondant aux divers cas de construction d'un triangle.

1° Décomposer une force MC (fig. 21) en deux autres dont on donne les directions MX et MY. On mènera par le point C une droite CA parallèle à MY, jusqu'à la rencontre de MX, et l'on prendra sur la droite MY une longueur MB égale à AC; MA et MB seront les deux composantes cherchées. On connaissait dans le triangle MAC un côté MC et les deux angles adjacents.

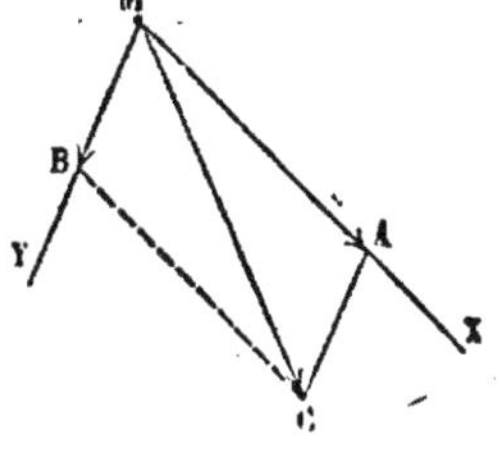

Fig. 21.

2° Décomposer une force MC (fig. 21) en deux autres dont l'une MA est donnée en grandeur et en direction. On joindra AC, et l'on prendra une longueur MB égale et parallèle à AC. On connaissait dans le triangle MAC deux côtés MA et MC, et l'angle compris AMC.

3° Décomposer une force MC (fig. 22) en deux autres dont on connaît les grandeurs et non les directions. Il suffit de construire le triangle MAC dont on connaît les trois côtés. Il y a en général deux solutions, MAC, MA'C. Pour que le problème soit possible, il faut que la somme des deux composantes MA et AC soit plus grande que la force proposée et que leur différence soit plus petite que la force proposée.

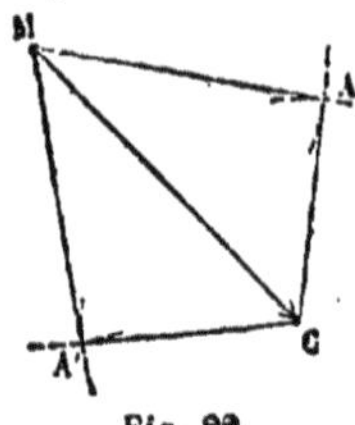

Fig. 22.

4° Décomposer une force MC (fig. 23) en deux, connaissant la direction MX de l'une des composantes, et l'intensité CA de l'autre composante. Le problème revient à construire un triangle MAC, connaissant deux côtés MC et CA, et l'angle AMC opposé à l'un d'eux. Il y a deux solutions, ou une seule, ou bien le problème est impossible, suivant que le côté AC est plus grand, égal, ou plus petit que la perpendiculaire CP. Les composantes de la force MC sont MA et MB, ou bien MA' et MB'.

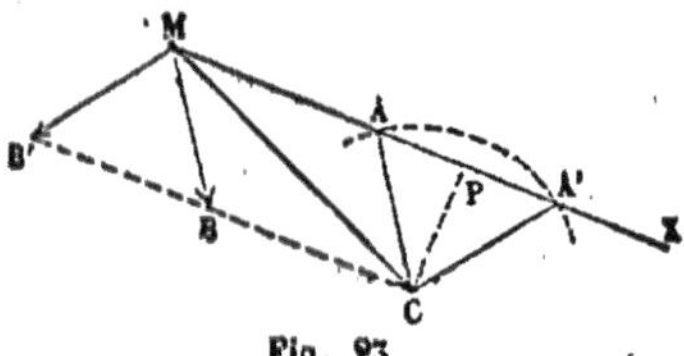

Fig. 23.

Si l'on veut décomposer une force en plus de deux autres situées dans un même plan, le problème est indéterminé.

22. — Pour décomposer une force MD (fig. 24) en trois autres dirigées suivant trois droites MX, MY, MZ, non dans un même plan, il faut déterminer le parallélipipède qui a pour diagonale MD, et dont les côtés sont parallèles aux trois directions MX, MY, MZ. Pour cela, on mènera par le point D, parallèlement au plan ZMY, un plan DEA dont l'intersection avec la droite MX déterminera l'intensité MA de la composante dirigée suivant MX; on mènera ensuite un plan DEB parallèle à

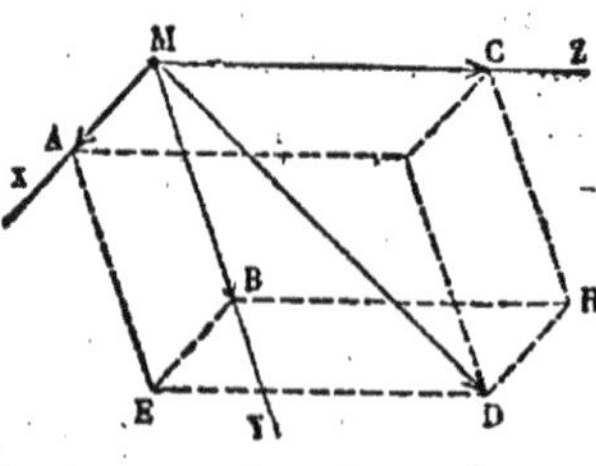

Fig. 24.

XMZ, ce qui déterminera la composante MB suivant MY, puis un plan DHC parallèle à XMY, ce qui déterminera la troisième composante MC suivant MZ.

Enfin, quand on veut décomposer une force en plus de trois autres dirigées suivant des directions données, le problème est indéterminé, et l'on peut choisir arbitrairement les intensités de toutes les composantes, moins trois.

Conditions d'équilibre des forces appliquées à un même point matériel

23. — On dit qu'un point matériel est *libre* quand il peut se déplacer dans toutes les directions. Une force quelconque appliquée à un point matériel libre produit toujours un certain mouvement.

Pour que deux forces appliquées à un même point matériel libre se fassent équilibre, il faut qu'elles soient égales et directement opposées. En effet, si ces deux forces ne sont pas égales et directement opposées, elles admettent toujours une résultante qui n'est pas nulle, et, par suite, elles ne sont pas en équilibre.

Lorsque trois forces F, F', F''(fig. 25), appliquées à un même point matériel libre, se font équilibre, une quelconque d'entre elles, F'' par exemple, est égale et directement opposée à la résultante R des deux autres. Ces trois forces sont donc déjà dans un même plan ; elles satisfont en outre aux conditions suivantes.

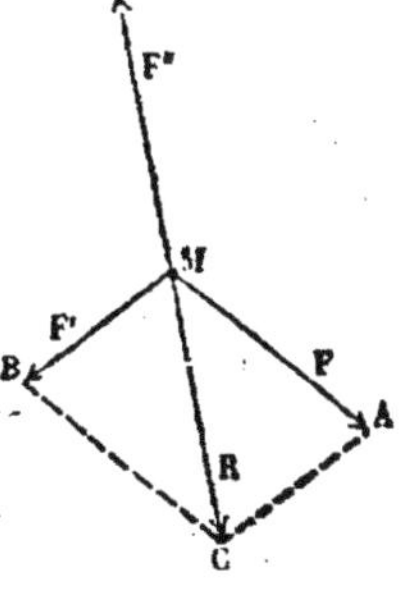

Fig. 25.

Le triangle MAC donne les relations

$$\frac{MA}{\sin MCA} = \frac{AC}{\sin AMC} = \frac{MC}{\sin MAC}$$

En remplaçant les côtés du triangle par les forces qu'ils représentent, et en désignant chaque angle par les deux forces qui le forment, cette relation peut s'écrire :

$$\frac{F}{\sin(F'.F'')} = \frac{F'}{\sin(F.F'')} = \frac{F''}{\sin(F.F')}.$$

Chacune des forces est donc proportionnelle au sinus de l'angle formé par les directions des deux autres.

En général, lorsque des forces en nombre quelconque, appliquées à un même point matériel libre, se font équilibre, leur résultante est nulle, et la ligne brisée qu'on forme par l'addition de toutes ces forces parallèlement à elles-mêmes est fermée. Dans ce cas, une quelconque des forces considérées est égale et directement opposée à la résultante de toutes les autres. On peut, en effet, remplacer toutes les forces, moins la force F, par leur résultante R ; le point matériel est alors sollicité par deux forces F et R, et l'équilibre n'est possible que si elles sont égales et directement opposées.

24. — Il peut arriver, au contraire, qu'un point matériel ne puisse se déplacer que dans un certain nombre de directions, par exemple qu'il soit assujetti à rester sur une courbe fixe ou sur une surface fixe. Alors le point matériel est dit *gêné*, et il peut rester en repos quand il est sollicité par des forces qui ne se feraient pas équilibre si le point matériel était libre.

Imaginons, par exemple, un anneau traversé par une tige rigide contournée suivant une certaine courbe, ou bien une bille placée dans un canal contourné; l'anneau ne pourra pas quitter la tige rigide, et la bille est astreinte à rester dans le canal. Réduisons par la pensée la tige ou le canal à une courbe fixe, l'anneau ou la bille à un point matériel, et nous aurons l'idée d'un point matériel assujetti à rester sur une courbe fixe.

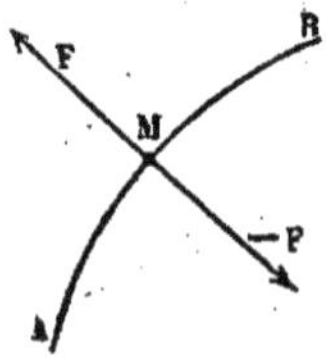

Fig. 26.

Si nous appliquons à ce point M (fig. 26) une force F, normale à la courbe AB, il est clair que le point restera au repos, parce que la force est également inclinée sur les deux directions suivant lesquelles le point peut se déplacer, et il n'y pas de raison pour que le mouvement ait lieu dans un sens ou dans l'autre. Le point M exerce alors sur la courbe une *pression normale* égale à F. Supprimons la courbe par la pensée, et remplaçons-la par une force $-F$ égale et contraire à la force F, et appliquée au point M; nous pourrons alors considérer le point M comme libre et il restera encore en repos. Cette force $-F$, qui peut remplacer la courbe en maintenant le point en équilibre, est la *réaction* de la courbe sur le point matériel.

Appliquons maintenant au point M (fig. 27) une force F oblique à la courbe; nous pouvons décomposer cette force en deux, l'une T tangente à la courbe, l'autre N normale. La composante tangentielle T tend à déplacer le point, et, si nous supposons que le point matériel puisse glisser le long de la courbe avec la plus grande facilité, cette composante T, quelque petite qu'elle soit, mettra le point en mouvement.

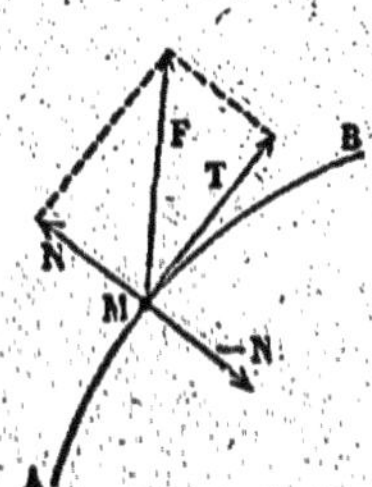

Fig. 27.

Quant à la composante normale N, elle presse le point contre la courbe; elle est détruite par une réaction $-N$ de la courbe égale et contraire. Nous sommes ainsi conduits à considérer un point matériel astreint à rester sur une courbe fixe, comme ne pouvant éprouver de la part de la courbe qu'une réaction normale à sa direction.

Nous verrions de même qu'un point assujetti à rester sur une surface fixe sur laquelle il peut glisser, et sollicité par une force normale à la surface, restera en repos. La force qui sollicite ce point sera détruite par la réaction de la surface. Au contraire, une force oblique à la surface mettra ce point en mouvement.

25. — Pour montrer qu'une courbe fixe ou une surface fixe n'exercent sur un point matériel qu'une réaction normale, il faut admettre, comme nous l'avons fait, qu'une force tangentielle, si petite qu'elle soit, appliquée à ce point, le met en mouvement. En réalité, il n'en est pas ainsi dans la nature. Un corps appuyé sur une surface ne peut être mis en mouvement que par une force d'une certaine grandeur; il oppose au mouvement dans une direction quelconque une résistance que l'on ap-

pelle le *frottement*. Le frottement d'un corps contre une surface est d'autant moindre que la surface est plus dure et mieux polie; on peut donc concevoir une surface d'une nature telle et d'un poli si parfait que le frottement soit absolument supprimé, bien que ces conditions soient irréalisables. Nous négligerons toujours le frottement, à moins que le contraire ne soit nettement spécifié.

26. — Nous pouvons maintenant établir la condition d'équilibre d'un nombre quelconque de forces F, F', F''..., appliquées à un point matériel assujetti à rester sur une courbe fixe. Toutes ces forces admettent une résultante R, et, pour que l'équilibre existe, il faut que la résultante R soit normale à la courbe. Cette résultante est la pression exercée par le point matériel sur la courbe fixe, elle est égale et opposée à la réaction —R de la courbe.

De même, pour que des forces quelconques, agissant sur un point matériel assujetti à rester sur une surface fixe, se fassent équilibre, il faut que leur résultante R soit normale à la surface. Cette résultante R est égale et opposée à la réaction —R de la surface.

Ici nous pouvons distinguer deux cas.

Imaginons, par exemple, un point matériel M (fig. 28) attaché à une droite OM rigide et inextensible et qui peut tourner autour du point O. Comme la longueur OM ne peut ni diminuer ni augmenter, le point M est assujetti à rester constamment à la même distance du point O, et, par suite, à rester sur la surface d'une sphère qui a pour centre le point O et pour rayon la longueur OM. Ce point restera au repos si la résultante des forces qui le sollicitent est normale à la sphère, c'est-à-dire passe par le point O, soit que cette résultante R tende à éloigner, soit que, comme la force R', elle tende à rapprocher le point M du point O. La réaction de la tige ou de la surface de la sphère est dirigée suivant le rayon OM dans un sens ou dans l'autre.

Fig. 28.

Si la droite OM (fig. 29) est formée par un fil inextensible, mais *flexible*, la distance MO ne peut pas augmenter, mais elle peut diminuer; le point M peut se déplacer dans l'intérieur de la sphère qui a pour centre le point O, et pour rayon OM. Pour que le point M placé sur la surface de cette sphère soit au repos, il faut, non-seulement que la résultante des forces qui le sollicitent soit normale à la surface, mais en outre que cette résultante presse le point contre la surface, c'est-à-dire qu'elle soit dirigée suivant le prolongement de OM. Dans ce cas, la réaction du fil —R, ou la réaction normale de la surface, ne peut être que dirigée vers le point O.

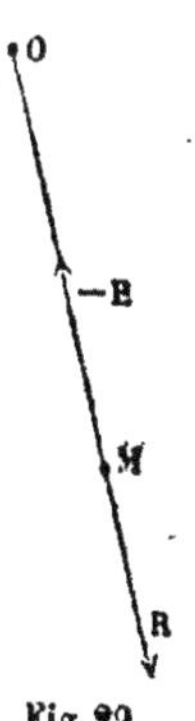

Fig. 29

Moments des forces par rapport à un point

27. — On appelle *moment* d'une force par rapport à un point le produit de l'intensité de la force par la perpendiculaire abaissée du point sur la direction de la force. Ainsi, le moment de la force F (fig. 30) par rapport au point O est le produit de cette force MA par la perpendiculaire OD, abaissée du point O sur la direction de la force. Ce moment est égal, comme on le voit, au double de l'aire du triangle MOA, qui a pour base la force MA et pour sommet le point O.

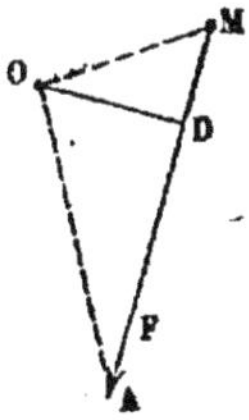

Fig. 30

Soient deux forces MA et MB (fig. 31), appliquées à un même point matériel M, MC leur résultante, et considérons les moments de ces forces par rapport à un point O situé dans leur plan, en dehors de l'angle AMB qui contient les directions des trois forces. Joignons le point O aux points A, B et C. Le moment de la force MA est égal au double de l'aire du triangle MOA; le moment de la force MB est égal au double de l'aire du triangle MOB, et celui de la résultante MC au double de l'aire du triangle MOC. Les trois triangles MOA, MOB, MOC peuvent

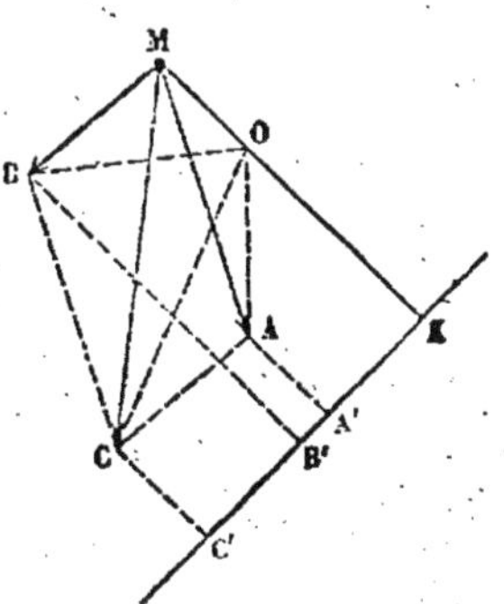

Fig. 31.

être considérés comme ayant même base MO, et, pour hauteurs, les perpendiculaires abaissées des points A, B et C sur la ligne MO, ou bien les projections KA', KB', KC' des trois droites MA, MB, MC, sur une perpendiculaire à MO. On a évidemment

$$KC' = KA' + A'C'.$$

D'ailleurs $A'C' = KB'$, comme projections sur une même droite de deux droites AC et MB égales et parallèles. Donc

$$KC' = KA' + KB'.$$

La hauteur du triangle MOC est donc égale à la somme des hauteurs des deux triangles MOA et MOB; par suite, comme ces trois triangles ont même base, l'aire du premier triangle est égale à la somme des aires des deux autres, ou bien le moment de la résultante MC est égal à la somme des moments des deux composantes MA et MB.

Si le point O (fig. 32), par rapport auquel on prend les moments, est situé dans l'angle AMB formé par les directions des deux composantes, la hauteur KC' du triangle MOC est égale à la différence KB' — KA' des hauteurs des deux triangles MOB et MOA. Par suite, le moment de la résultante MC est égal à la différence des moments des deux composantes MB et MA. Il en est de même quand le point O est situé dans l'angle A_1MB_1, opposé par le sommet à l'angle AMB.

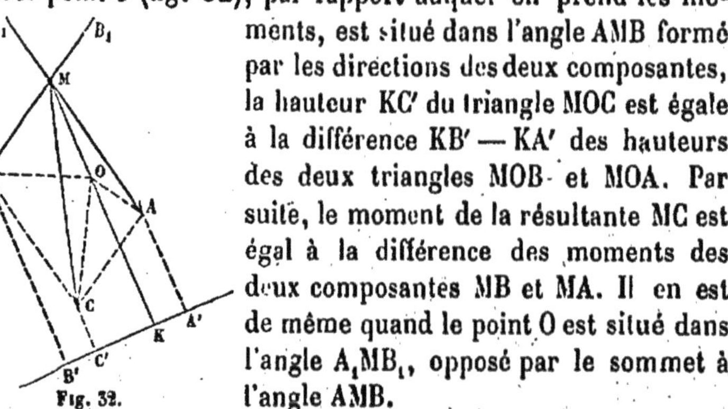

Fig. 32.

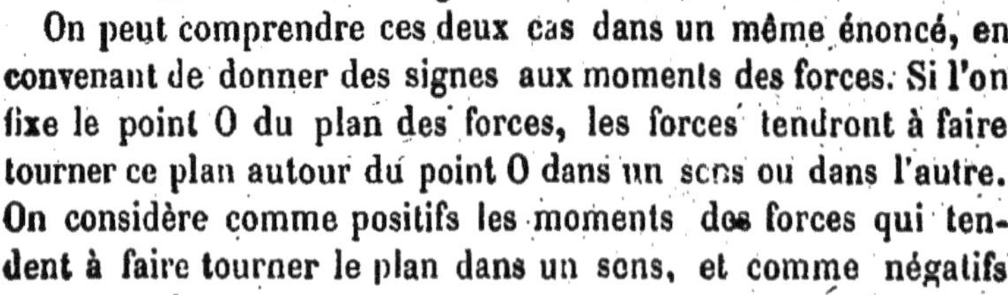

On peut comprendre ces deux cas dans un même énoncé, en convenant de donner des signes aux moments des forces. Si l'on fixe le point O du plan des forces, les forces tendront à faire tourner ce plan autour du point O dans un sens ou dans l'autre. On considère comme positifs les moments des forces qui tendent à faire tourner le plan dans un sens, et comme négatifs les moments des forces qui tendent à faire tourner le plan en sens contraire. Dans le premier cas (fig. 31), les trois moments sont de même signe, puisque les trois forces tendent à faire tourner le plan dans le même sens. Dans le second cas (fig. 32), les moments des deux forces MB et MA sont de signes contraires, le moment de la résultante MC est égal à la différence de ces deux moments et de même signe que le plus grand ; il est donc égal à leur somme *algébrique*.

Donc, *le moment de la résultante de deux forces appliquées à un même point matériel, par rapport à un point situé dans leur plan, est égal à la somme algébrique des moments des composantes.*

Cette propriété des moments des forces est très-utile dans un grand nombre d'applications ; elle porte le nom de *théorème de Varignon*.

Si le point O est pris sur la direction de la résultante, le moment de la résultante est nul, et, par suite, les moments des deux composantes sont égaux et de signes contraires.

28. — Le théorème peut être étendu à un nombre quelconque de forces appliquées à un même point matériel, et situées dans un même plan. Soient $F, F', F'', F''' \dots F^{(n)}$, toutes ces forces, et R leur résultante ; appelons R_1 la résultante des deux forces F et F', R_2 la résultante des deux forces R_1 et F'', R_3 la résultante de R_2 et de F''', etc..., et désignons par $m.F$ le moment de la force F ; on aura

$$m.R_1 = m.F + m.F',$$

De même,

$$m.R_2 = m.R_1 + m.F'',$$
$$m.R_3 = m.R_2 + m.F''',$$
$$\vdots \qquad \vdots$$
$$m.R = m.R_{n-1} + m.F^{(n)}.$$

Ajoutons toutes ces équations membre à membre, les moments de toutes les résultantes intermédiaires disparaîtront, et il restera

$$m.R = m.F + m.F' + m.F'' + m.F''' + \dots + m.F^{(n)}.$$

Donc, *le moment de la résultante d'un nombre quelconque de forces appliquées à un point et situées dans un même plan, par rapport à un point situé dans leur plan, est égal à la somme algébrique des moments des composantes.*

Si le point par rapport auquel on considère les moments est situé sur la direction de la résultante, le moment de la résultante est nul, et, par suite, la somme des moments des forces qui agissent dans un sens est égale à la somme des moments des forces qui agissent en sens contraire.

Réciproquement, si un point matériel est soumis à un nombre quelconque de forces situées dans un même plan, et si la somme des moments de ces forces par rapport à un point du plan est nulle, la résultante est nulle ou passe par le point considéré, puisque le moment de cette force est nul. Si la somme des moments des forces proposées est nulle par rapport à deux points non situés sur une même droite avec le point d'application, les forces proposées se font équilibre.

EXERCICES

1. Montrer que la résultante d'un nombre quelconque de forces appliquées au même point, est indépendante de l'ordre suivant lequel les forces ont été composées.

2. Démontrer directement que les moments de deux forces par rapport à un point pris sur la direction de leur résultante sont égaux et de sens contraires.

3. Trois forces rectangulaires, appliquées au même point, sont entre elles comme 1, 2 et 3. Déterminer les angles que fait la résultante avec les forces proposées.

4. AB et CD sont deux cordes égales et parallèles dans un cercle, et P le milieu de l'arc AB. Démontrer que si des forces représentées par PA, PB, PC, PD agissent sur le point P, leur résultante est constante.

5. Deux forces F et F′ agissent sur un même point. Trouver l'angle qu'elles font entre elles par la condition que la résultante soit égale au double de la différence des forces proposées. — Montrer que le problème n'est possible que si le rapport des forces est plus petit que 3.

CHAPITRE III

COMPOSITION DES FORCES PARALLÈLES APPLIQUÉES A UN CORPS SOLIDE

Notions sur les corps solides

29. — Nous n'avons envisagé jusqu'ici que les forces appliquées à un même point matériel ; nous allons maintenant composer les forces appliquées en différents points liés entre eux d'une manière invariable, et chercher les conditions dans lesquelles ces forces se feront équilibre.

On considère généralement les corps comme composés de particules très-petites, appelées *molécules ;* ces molécules sont séparées les unes des autres, et l'on se représente l'ensemble des phénomènes physiques en imaginant qu'elles agissent les unes sur les autres par attraction ou répulsion. L'action mutuelle de deux molécules consiste en deux forces égales et contraires, appliquées, l'une à la première molécule, l'autre à la seconde ; cette double force est dirigée suivant la droite qui joint les deux molécules et son intensité varie avec la distance. Des forces extérieures appliquées aux corps peuvent en écarter ou en rapprocher les molécules.

Les corps solides ne paraissent éprouver aucune déformation quand on fait agir sur eux des forces qui ne dépassent pas certaines limites ; il semble donc que leurs molécules soient à des distances invariables les unes des autres. En réalité, il n'en est pas ainsi ; une force, quelque petite qu'elle soit, agissant sur un corps solide, modifie toujours sa forme, mais il arrive fréquemment que ce changement est trop faible pour être appréciable. D'après cela, nous aurons l'idée d'un corps *parfaitement solide* en imaginant ce corps composé de molécules ou de points matériels situés à des distances invariables les uns des autres.

Les corps solides dont nous allons parler devront être supposés constitués de cette manière. Sans doute ce cas idéal n'est pas réalisé dans la nature, mais les conséquences que l'on déduit de cette hypothèse sont en général applicables aux solides naturels toutes les fois qu'ils éprouvent seulement des déformations insensibles. Dans les machines, par exemple, les organes que l'on emploie sont assez résistants pour qu'ils ne varient pas de forme d'une manière appréciable, sous l'influence des forces auxquelles ils sont soumis.

En imaginant les corps solides ainsi constitués, nous pourrons transporter en un point quelconque de leurs directions les forces qui agissent sur eux, et, par suite, appliquer tous les théorèmes précédemment établis sur la composition des forces.

Composition des forces concourantes

30. — Considérons plusieurs forces F, F′, F″ ... (fig. 33) appliquées en différents points A, B, C ... d'un corps solide, et supposons que les directions de ces forces passent toutes par un même point O du corps solide ; ces forces sont dites *concourantes*, et le point O est le point de concours. Puisque tous les points du corps solide sont invariablement liés entre eux, on peut transporter le point d'application de la force F du point A au point O, le point d'application de la force F′ du point B au point O, celui de la force F″ de C en O ... Les forces F, F′, F″ ..., étant ainsi appliquées au même point, admettent une résultante R que l'on détermine par la règle générale. On pourra ensuite prendre pour point d'application de cette résultante R, soit le point O, soit tout autre point L du corps solide pris sur la direction de la résultante.

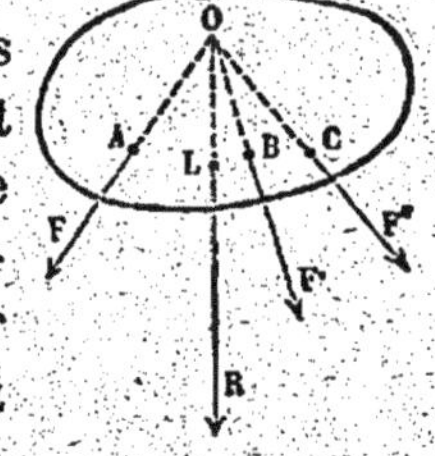

Fig. 33.

Il n'est même pas nécessaire que le point de concours O des forces fasse partie du corps solide ; il suffit, pour la démonstration, d'imaginer que ce point est lié invariablement au corps solide ; on y transportera les points d'application des forces proposées, et l'on déterminera la résultante de la même manière. Si la direction de cette résultante rencontre le corps solide, on pourra l'appliquer en un point de ce corps; si cette direction ne rencontre pas le corps, il faut considérer la résultante comme appliquée en un point extérieur, lié invariablement au corps solide.

Composition de deux forces parallèles et de même sens

31. — Considérons deux forces F et F′ (fig. 34), parallèles et de même sens, appliquées en deux points A et B d'un corps solide. Les deux points A et B, faisant partie d'un corps solide, sont liés invariablement l'un à l'autre ; nous pouvons donc appliquer aux deux extrémités de la ligne AB deux forces AD et BE égales et de sens contraires. Ces deux forces se font équilibre et ne changent rien à l'état du corps. Nous pouvons remplacer les deux forces AD et F appliquées au point A par leur résultante AG ; de même, les deux forces BE et F′, appliquées au point B, par leur résultante BH. Les deux droites AG et BH, étant situées dans un même plan et n'étant pas parallèles, se rencontrent en un point O. Supposons ce point O lié invariablement à la droite AB, transportons la force AG au point O en OG′, et la force BH en OH′ ; décomposons maintenant la force OG′ en deux, l'une OD′ égale et parallèle à AD, l'autre OA″ égale et parallèle à F ; décomposons de même la force OH′ en deux, l'une OE′ égale et parallèle à BE, l'autre OB″ égale et parallèle à F′. Les deux forces OD′ et OE′, étant égales et directement opposées, se font équilibre, on peut donc les supprimer ; il reste les deux forces OA″ et OB″ qui s'ajoutent et donnent une résultante R égale à leur somme F + F′ et parallèle à la direction des forces proposées.

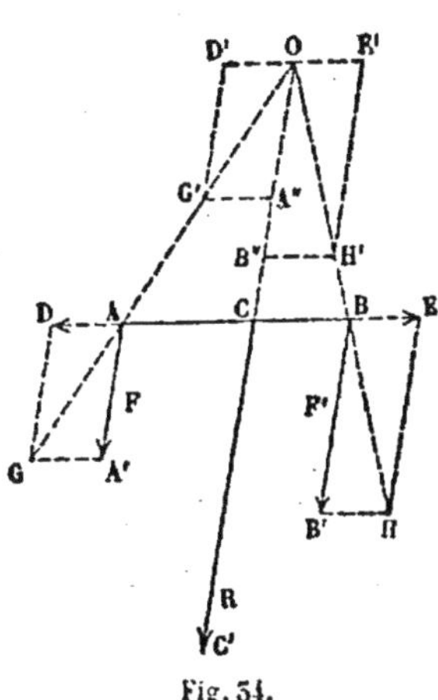

Fig. 34.

Donc, *deux forces parallèles et de même sens, appliquées en deux points d'un corps solide, ont une résultante égale à leur somme, parallèle à leur direction, et agissant dans le même sens que les forces proposées.*

32 — On peut appliquer cette résultante en un point quelconque de sa direction ; appliquons-la, par exemple, au point C où sa direction rencontre la ligne AB, qui joint les points d'application des forces proposées, la position de ce point C se détermine aisément.

Les triangles semblables OAC, AGA' donnent les rapports égaux

$$\frac{OC}{CA}=\frac{AA'}{A'G}=\frac{F}{AD}.$$

De même, les triangles semblables OBC, BHB' donnent

$$\frac{OC}{CB}=\frac{BB'}{B'H}=\frac{F'}{BE}.$$

En divisant ces rapports l'un par l'autre, et remarquant que AD = BE, on en déduit

$$\frac{CB}{CA}=\frac{F}{F'}.$$

Ainsi, *les distances* CB *et* CA *du point d'application de la résultante aux points d'application des composantes sont en raison inverse des forces proposées* F *et* F'.

La même proportion peut s'écrire

$$\frac{F'}{CA}=\frac{F}{CB}=\frac{F+F'}{CB+CA}=\frac{R}{AB}.$$

Chacune des trois forces F, F' *et* R *est donc proportionnelle à la distance des points d'application des deux autres.*

Composition de deux forces parallèles et de sens contraires

33. — Considérons maintenant deux forces F et F′ (fig. 35), parallèles et de sens contraires, appliquées en deux points A et B d'un corps solide, et soit F la plus grande. Nous pouvons remplacer la force F par deux autres, l'une BB′ égale à F′ et appliquée au point B, l'autre égale à F — F′, et appliquée sur le prolongement de la droite BA en un point C, tel que l'on ait

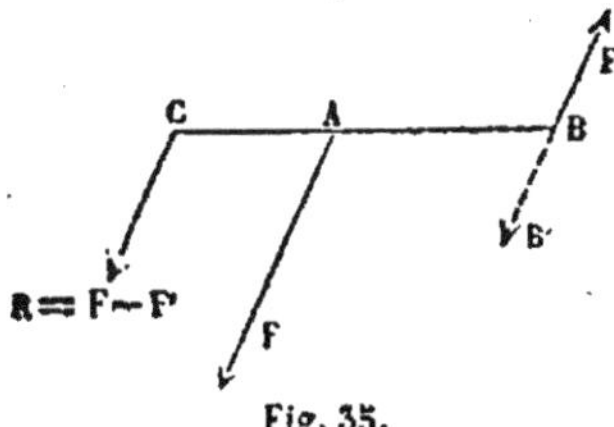

Fig. 35.

$$\frac{AC}{AB} = \frac{F'}{F - F'}.$$

En effet, ces deux forces BB′ et F — F′, appliquées en B et en C, ont pour résultante la force F appliquée en A. Les deux forces BB′ et F′ appliquées au point B sont égales et de sens contraires, on peut donc les supprimer ; il ne reste alors que la force F — F′ appliquée au point C : c'est la résultante R des deux forces proposées.

Donc, *deux forces parallèles et de sens contraires, appliquées en deux points d'un corps solide, ont pour résultante une force parallèle à leur direction, égale à leur différence, et agissant dans le sens de la plus grande.*

En ajoutant dans l'équation qui précède les numérateurs aux dénominateurs, on obtient

$$\frac{CA}{CA + AB} = \frac{CA}{CB} = \frac{F'}{F}.$$

Le point d'application de la résultante est situé sur le prolongement de la droite BA, du côté de la plus grande force, et *les distances de ce point aux points d'application des composantes sont en raison inverse des forces proposées* F *et* F′. Comme on le voit, ce résultat est le même que pour les forces parallèles et de même sens.

On peut écrire la dernière des équations qui précèdent de la manière suivante :

$$\frac{F}{CB}=\frac{F'}{CA}=\frac{F-F'}{CB-CA}=\frac{R}{AB}.$$

Chacune des trois forces F, F' *et* R *est encore proportionnelle à la distance des points d'application des deux autres.*

34. — Cette demonstration suppose essentiellement que les deux forces sont inégales. Pour passer de là au cas où les forces seraient égales, supposons que la plus petite F' restant constante, la force F diminue progressivement jusqu'à devenir égale à F' ; alors la résultante F — F' diminue constamment jusqu'à devenir nulle, et la distance CA de son point d'application au point A augmente indéfiniment. Un pareil résultat ne peut évidemment rien représenter *à priori*. On appelle *couple* ce système de deux forces égales parallèles et de sens contraires, mais non directement opposées; nous verrons plus loin (72) qu'un couple n'a pas de résultante unique.

Composition d'un nombre quelconque de forces parallèles

35. — En appliquant les théorèmes qui précèdent, on obtiendra facilement la résultante d'un nombre quelconque de forces parallèles, appliquées en différents points d'un corps solide.

Supposons d'abord ces différentes forces F, F', F''... de même sens, et appliquées aux points A, B, C... (fig. 36). On composera d'abord deux des forces, F et F' par exemple, en une seule R_1, égale à F + F' et appliquée en un point L_1 de la droite AB, dont les distances aux extrémités A et B de cette droite sont en raison inverse des forces F et F' ; on composera ensuite cette résultante partielle R_1 avec une troisième force F'', en une résultante R_2 égale à R_1 + F'' et, par suite, égale à la somme F + F' + F'' des trois premières forces, et appliquée en un point L_2 de la ligne

CL_1, tel que les distances L_2L_1 et L_2C soient en raison inverse des forces R_1 et F''. En continuant de cette manière, on voit que la résultante R de toutes les forces proposées est égale à leur somme, et son point d'application L sera déterminé.

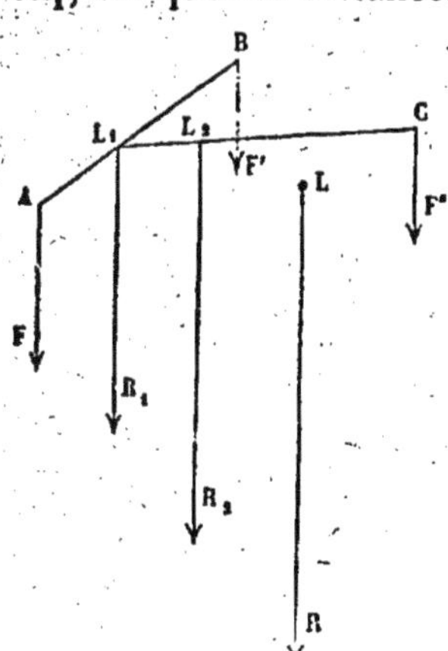

Fig. 36.

Donc, *la résultante d'un nombre quelconque de forces parallèles et de même sens appliquées en différents points d'un corps solide est égale à leur somme, parallèle à leur direction, et elle agit dans le même sens que les forces proposées.*

36. — Si les différentes forces parallèles que l'on veut composer ne sont pas toutes dirigées dans le même sens, on construira d'abord la résultante R_1 de toutes les forces qui agissent dans un sens, puis la résultante R_2 de toutes les forces qui agissent en sens contraire. Si les deux résultantes partielles R_1 et R_2, qui peuvent remplacer les forces proposées, sont inégales, elles admettent une résultante R égale à leur différence et de même sens que la plus grande. La résultante des forces proposées est donc égale à l'excès de la somme des forces qui agissent dans un sens, sur la somme des forces qui agissent en sens contraire. En convenant de regarder comme positives les forces qui agissent dans un sens, et comme négatives celles qui agissent en sens contraire, on peut dire que *la résultante d'un nombre quelconque de forces parallèles agissant en différents points d'un corps solide est égale à la somme algébrique de ces forces.* Le signe de cette somme indique le sens dans lequel agit la résultante.

Si les deux résultantes partielles R_1 et R_2 sont égales et directement opposées, leur résultante est nulle, et les forces proposées se font équilibre.

Si ces deux résultantes R_1 et R_2, étant égales, ne sont pas directement opposées, elles forment un couple, et, par suite, les forces proposées ne peuvent pas être remplacées par une résultante unique.

37. — Le théorème des moments, que nous avons démontré (27) pour les forces appliquées à un même point et situées dans un même plan, est vrai aussi pour les forces parallèles situées dans un même plan. On peut, en effet, considérer les forces parallèles comme un cas particulier de forces concourantes dont le point de concours serait situé à l'infini. D'ailleurs, il est très-facile de démontrer directement ce théorème pour les forces parallèles.

Centre des forces parallèles

38. — Supposons maintenant que, sans changer les intensités des différentes forces parallèles et de même sens F, F′, F″... (fig. 36), nous fassions tourner chacune d'elles de la même quantité autour de son point d'application, de façon qu'elles soient encore parallèles, le point d'application L de la résultante ne sera pas changé.

En effet, la résultante des deux forces F et F′ sera encore égale à leur somme F + F′, et son point d'application sera le point L_1, puisque les distances L_1B et L_1A sont en raison inverse des forces F et F′. De même, L_2 sera encore le point d'application de la résultante des trois forces F, F′, F″, et ainsi de suite. En continuant ainsi de proche en proche, on verrait que le point d'application de la résultante totale est encore le point L.

Donc, *quand on a une série de forces parallèles appliquées en différents points d'un corps solide, et qu'on fait tourner toutes ces forces autour de leurs points d'application, de manière qu'elles restent parallèles, la résultante passe toujours par un même point; on appelle ce point* CENTRE DES FORCES PARALLÈLES.

Le théorème s'applique évidemment au cas où toutes les forces n'agissent pas dans le même sens, pourvu qu'elles aient une résultante unique. En effet, les points d'application des deux résultantes partielles R_1 et R_2 ne changent pas, et, par suite, le point d'application de leur résultante R est toujours le même.

On peut remarquer que la position des points d'application des diverses résultantes dépend uniquement des rapports des forces. On peut donc altérer toutes les forces dans le même rapport, et le point d'application de la résultante totale restera le même.

Décomposition d'une force en plusieurs forces parallèles

39. — On peut se proposer de décomposer une force en deux ou plusieurs autres forces parallèles, appliquées en différents points d'un même corps solide. C'est un problème analogue à celui que nous avons résolu en décomposant une force en plusieurs autres appliquées au même point.

Cherchons d'abord à décomposer une force en deux autres forces parallèles, appliquées en deux points déterminés; il faut que ces deux points soient situés dans un même plan avec la force proposée, puisque la résultante de deux forces parallèles est située dans le plan de ces deux forces.

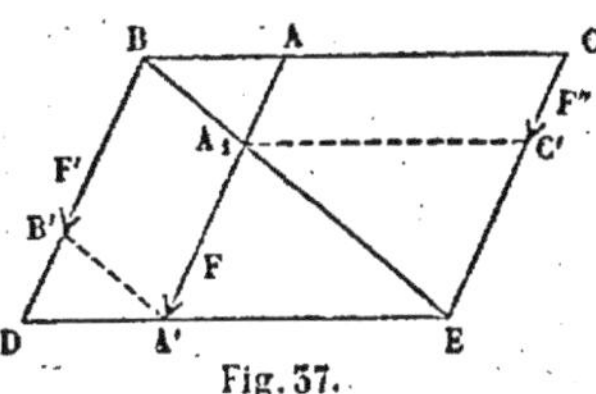

Fig. 37.

Soit F la force proposée (fig. 37), et supposons que les points d'application B et C des composantes cherchées F′ et F″ soient situés de part et d'autre de la force F. Joignons BC et appliquons la force F au point A où sa direction rencontre la droite BC. Les forces F′ et F″ ayant pour résultante la force F, satisfont aux relations suivantes :

$$F' + F'' = F, \quad \frac{F'}{AC} = \frac{F''}{AB} = \frac{F}{BC}.$$

On déduit de là

$$F' = F \cdot \frac{AC}{BC}, \quad F'' = F \cdot \frac{AB}{BC}.$$

On peut facilement construire les deux composantes. Menons par les points B et C des parallèles à la force F; par l'extrémité

A′ de cette force menons une parallèle à BC, et joignons BE. Les droites AA_1 et A_1A' représentent les forces F″ et F′. En effet, les triangles semblables BAA_1 et $A_1A'E$ donnent

$$\frac{AA_1}{A_1A'}=\frac{AB}{A'E}=\frac{AB}{AC}=\frac{F''}{F'}.$$

D'ailleurs

$$AA_1+A_1A'=AA'=F\,;$$

donc

$$AA_1=F'' \quad \text{et} \quad A'A_1=F'.$$

Si les points d'application B et C (fig. 38) sont situés d'un même côté de la force F, les deux composantes F′ et F″ sont de sens contraires et on les déterminera par les équations suivantes :

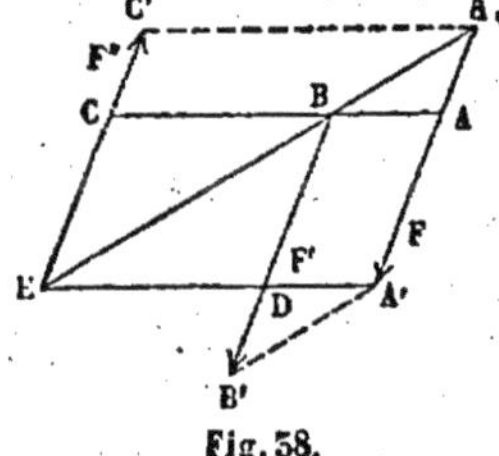

Fig. 38.

$$F'-F''=F,$$

$$\frac{F'}{AC}=\frac{F''}{AB}=\frac{F}{BC}\,;$$

d'où l'on tire

$$F'=F\,.\,\frac{AC}{BC}, \qquad F''=F\,.\,\frac{AB}{BC}.$$

Pour construire ces composantes, menons encore par les points B et C des parallèles BD et CE à la force F, menons la droite A′E parallèle à BC, et joignons EB par une droite que nous prolongeons jusqu'en A_1 ; AA_1 et A_1A' représentent les forces F″ et F′. En effet, les triangles semblables BAA_1 et $EA'A_1$ donnent

$$\frac{AA_1}{A'A_1}=\frac{AB}{A'E}=\frac{AB}{AC}=\frac{F''}{F'}.$$

D'ailleurs

$$A'A_1-AA_1=AA'=F\,;$$

donc

$$AA_1 = F'' \quad \text{et} \quad A_1A' = F'.$$

40. — Au lieu de se donner les points d'application des deux composantes, on peut se donner l'une d'elles et son point d'application. Soit F (fig. 39) la force proposée, F' une des composantes, B son point d'application, et supposons $F > F'$. La seconde composante sera égale à $F - F'$, son point d'application C sera situé sur le prolongement de BA, et on le déterminera par la relation

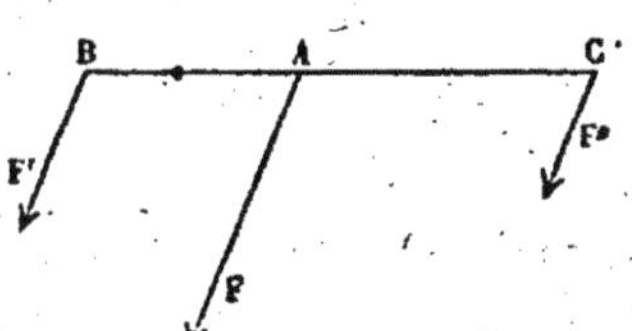

Fig. 39.

$$\frac{F'}{AC} = \frac{F - F'}{AB},$$

d'où on tire

$$AC = AB \cdot \frac{F'}{F - F'}.$$

Si F' est plus grand que F, la seconde composante est égale à $F' - F$, de sens contraire à celui de la force F, et son point d'application C', situé à gauche du point B, sur le prolongement de AB, est déterminé par la relation

$$AC' = AB \cdot \frac{F'}{F' - F}.$$

Si $F' = F$, on trouve pour AC une valeur infinie; nous savons (12) que le problème est impossible, car alors la seconde composante serait nulle, et la force F pourrait être remplacée par une force égale non dirigée suivant la même droite.

Si l'on veut décomposer une force en plus de deux autres parallèles appliquées en différents points situés tous dans un même plan avec la force proposée, le problème est indéterminé. En effet, on peut appliquer à tous les points, moins deux, des forces quelconques, et les considérer comme composantes de la force proposée; les composantes appliquées aux deux derniers points seront alors déterminées.

41. — Proposons-nous maintenant de décomposer une force F (fig. 40), en trois autres F′, F″, F‴ appliquées en trois points B, C, D, dont le plan n'est pas parallèle à la direction de la force F, et supposons que la force F coupe ce plan en A, dans l'intérieur du triangle BCD. Joignons BA et décomposons d'abord la force F en deux, l'une F′ appliquée en B, l'autre R appliquée au point E où la droite BA rencontre la droite CD; nous décomposerons ensuite cette force R en deux autres F″ et F‴ appliquées aux points C et D, et, comme toutes ces forces sont de même sens, on devra avoir

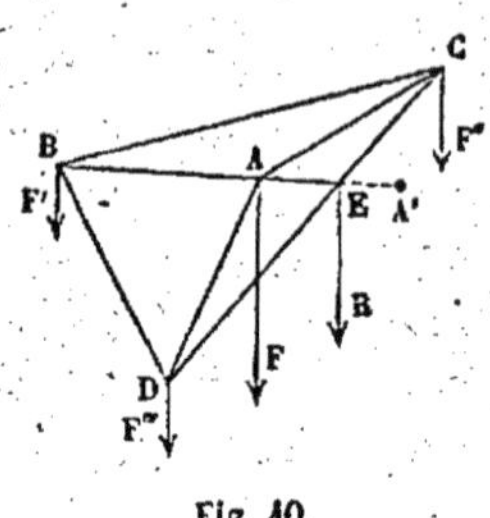

Fig. 40.

$$F = F' + F'' + F'''.$$

Ces différentes forces jouissent d'une propriété remarquable. On a, entre les forces F et F′, la relation

$$\frac{F'}{F} = \frac{AE}{BE}.$$

Les triangles ACD, BCD, ayant même base CD, sont entre eux comme leurs hauteurs, ou comme les longueurs AE et BE; on a donc

$$\frac{AE}{BE} = \frac{ACD}{BCD}.$$

Par suite, à cause du rapport commun,

$$\frac{F'}{F} = \frac{ACD}{BCD}, \quad \text{ou bien} \quad \frac{F'}{ACD} = \frac{F}{BCD}.$$

Les forces F″ et F‴ donneraient des relations analogues, et l'on obtiendrait la série de rapports égaux :

$$\frac{F}{BCD} = \frac{F'}{ACD} = \frac{F''}{ABD} = \frac{F'''}{ABC}.$$

Si la force proposée est représentée par l'aire du triangle BCD, les composantes F′, F″ et F‴ seront représentées par les aires des triangles ACD, ABD et ABC. On voit que chacune des quatre forces F, F′, F″, F‴ est proportionnelle à l'aire du triangle formé par les points d'application des trois autres.

Lorsque la force F coupe le plan du triangle BCD en un point A′ situé en dehors du triangle, les trois composantes ne sont plus dirigées dans le même sens. Il existe d'ailleurs entre ces composantes et la force proposée des relations analogues à celles que nous venons d'établir; chacune d'elles est encore proportionnelle à l'aire du triangle formé par les points d'application des trois autres.

Enfin, si l'on se propose de décomposer une force en plus de trois autres parallèles, appliquées en des points déterminés, le problème admet une infinité de solutions. On peut, par exemple, appliquer des forces quelconques à tous les points donnés, moins trois; les forces que l'on doit appliquer aux trois autres se trouvent alors déterminées.

Moments des forces parallèles par rapport à un plan

42. — On appelle *moment* d'une force par rapport à un plan qui lui est parallèle, le produit de l'intensité de la force par sa distance au plan.

Considérons deux forces parallèles et de même sens F et F′ (fig. 41), appliquées aux points A et B, et leur résultante R appliquée au point C, et supposons ces trois forces d'un même côté du plan PQ qui leur est parallèle.

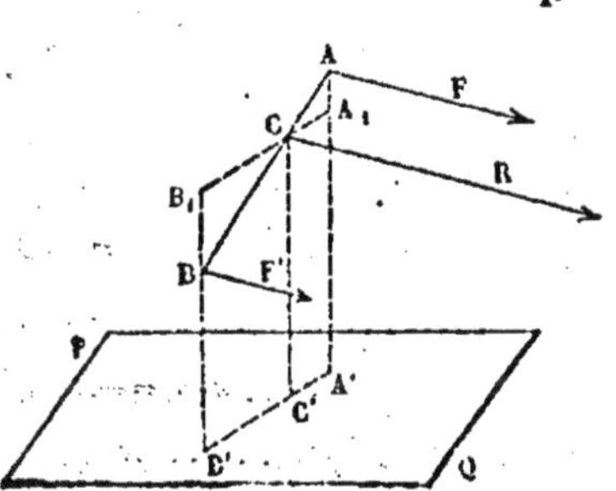

Fig. 41.

Les moments de ces trois forces sont F × AA′, F′ × BB′, et R × CC′; on a d'ailleurs les relations

(1) $$R = F + F',$$

(2) $$\frac{F}{BC} = \frac{F'}{AC}.$$

Menons par le point C une parallèle A_1B_1 à la projection A'B' de la droite AB sur le plan ; nous formons ainsi deux triangles semblables BCB_1, ACA_1, qui donnent la relation

(3) $$\frac{BB_1}{BC} = \frac{AA_1}{AC}.$$

En divisant les équations (2) et (3) membre à membre, on en déduit

$$\frac{F}{BB_1} = \frac{F'}{AA_1},$$

ou

$$F \times AA_1 = F' \times BB_1.$$

Remplaçons dans cette équation AA_1 et BB_1 par les longueurs égales

$$AA_1 = AA' - A_1A' = AA' - CC',$$
$$BB_1 = B_1B' - BB' = CC' - BB',$$

elle devient

$$F \times (AA' - CC') = F' \times (CC' - BB'),$$

ou

$$F \times AA' + F' \times BB' = (F + F') \times CC' = R \times CC'.$$

Ainsi le moment de la résultante R est égal à la somme des moments des deux composantes F et F'.

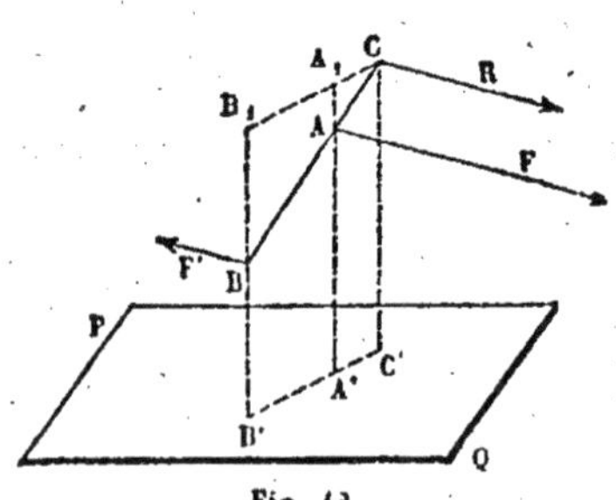

Fig. 42.

43. — Considérons maintenant deux forces F et F' (fig. 42) de sens contraires et inégales, la résultante R est alors égale à leur différence F — F', et de même sens que la plus grande. Supposons encore les trois forces d'un même côté du plan PQ, et menons par le point C une parallèle CB_1 à la projection $C'B'$ de la droite CB sur le plan. Les triangles semblables CAA_1, CBB_1 donnent

$$\frac{BB_1}{BC}=\frac{AA_1}{AC}.$$

On a d'ailleurs

$$\frac{F}{BC}=\frac{F'}{AC},$$

ce qui donne, en divisant ces deux équations membre à membre,

$$\frac{F}{BB_1}=\frac{F'}{AA_1},$$

ou bien,

$$F\times AA_1=F'\times BB_1.$$

Remplaçons encore AA_1 et BB_1 par les longueurs égales

$$\begin{aligned} AA_1&=A_1A'-AA'=CC'-AA',\\ BB_1&=B_1B'-BB'=CC'-BB'; \end{aligned}$$

il vient

$$F\times(CC'-AA')=F'\times(CC'-BB'),$$

et enfin

$$F\times AA'-F'\times BB'=(F-F')\times CC'=R\times CC'.$$

Ainsi, le moment de la résultante est égal à la différence des moments des deux composantes.

On peut comprendre les deux cas dans un même énoncé, en considérant comme positives les forces qui agissent dans un sens, comme négatives les forces qui agissent en sens opposé, et en donnant le signe des forces à leurs moments. Dans le premier cas (fig. 41), les trois moments sont de même signe. Dans le second cas (fig. 42), les moments des deux forces F et F′ sont de signes contraires, le moment de la résultante R est égal à la différence des moments des forces proposées et de même signe que le plus grand ; il est donc égal à leur somme *algébrique*.

44. — Nous avons supposé jusqu'à présent que les points d'application des forces sont tous situés d'un même côté du plan par rapport auquel on prend les moments. On fait disparaître cette restriction en considérant comme positives les perpendiculaires telles que BB′, CC′ (fig. 43), situées d'un côté du plan PQ, et comme négatives les perpendiculaires AA′ situées du côté opposé.

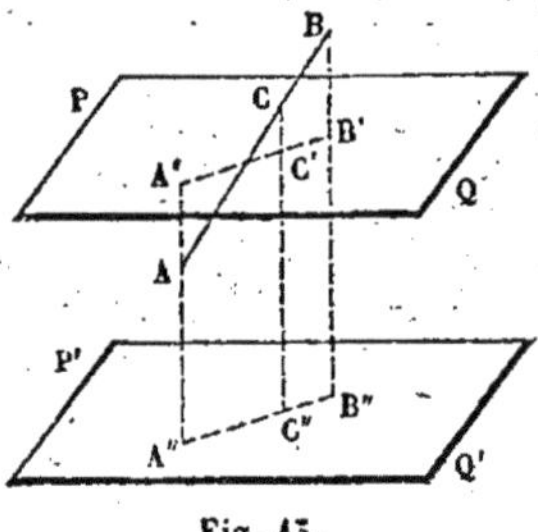

Fig. 43.

Soient A et B les points d'application de deux forces F et F′ parallèles et de même sens, C celui de leur résultante R. Considérons un plan P′Q′ qui laisse tous ces points d'un même côté, on aura

$$(1) \qquad R \times CC'' = F \times AA'' + F' \times BB''.$$

Comme $R = F + F'$, on a évidemment

$$(2) \qquad R \times C'C'' = F \times A'A'' + F' \times B'B''.$$

En retranchant membre à membre l'équation (2) de l'équation (1), il vient

$$R \times (CC'' - C'C'') = F \times (AA'' - A'A'') + F' \times (BB'' - B'B'').$$

Les parenthèses représentent les distances des points A, B, C au plan PQ, avec le signe + ou le signe −, suivant qu'ils sont situés au-dessus ou au-dessous de ce plan. En désignant par Z, z et z' ces perpendiculaires affectées du signe qui leur convient, on peut écrire

$$RZ = Fz + F'z'.$$

Il en serait de même si les deux forces F et F′ étaient de signes contraires.

Donc, *le moment de la résultante de deux forces parallèles par rapport à un plan parallèle à leur direction, est égal à la somme algébrique des moments des deux forces proposées.*

45. — Il est facile maintenant d'étendre le théorème à un nombre quelconque de forces parallèles; il suffit de répéter identiquement le raisonnement qui a été fait au n° 28.

Si toutes ces forces se font équilibre, la résultante étant nulle, son moment est aussi nul. Alors la somme algébrique des moments des forces proposées est nulle.

Si les forces ont une résultante située dans le plan par rapport auquel on prend les moments, le moment de la résultante est encore nul, ainsi que la somme algébrique des moments des composantes.

Si les forces n'admettent pas de résultante unique, elles se réduisent à un couple, et la somme des moments des deux forces qui composent le couple est égale à la somme des moments des forces proposées.

46. — On peut appliquer ce théorème à la détermination du centre des forces parallèles. Soient F, F', F'',... des forces parallèles, $z, z', z'', \ldots$ leurs distances, positives ou négatives, à un plan parallèle à leur direction. Supposons que ces forces admettent une résultante R, et appelons Z sa distance au même plan, on a, en appliquant le théorème précédent,

$$RZ = Fz + F'z' + F''z'' + \ldots.$$

On en déduit

$$Z = \frac{Fz + F'z' + F''z'' + \ldots}{R}.$$

Comme la résultante est égale à la somme des forces proposées, on peut écrire

$$Z = \frac{Fz + F'z' + F''z'' + \ldots}{F + F' + F'' + \ldots}.$$

Cette longueur Z est la distance du centre des forces parallèles au plan considéré. Pour avoir sa distance à une autre plan, il suffit de faire tourner toutes les forces autour de leurs points d'application, de façon qu'elles soient parallèles à ce nouveau plan, tout en restant parallèles entre elles, et d'appliquer de nouveau le théorème.

Plus simplement, on peut dire que le produit de l'intensité de la résultante de plusieurs forces parallèles par la distance de son point d'application à un plan, est égal à la somme des produits de chacune des forces proposées par la distance de son point d'application au même plan. Sous cette forme, l'énoncé du théorème ne peut être général que si l'on s'astreint à appliquer la résultante de deux forces sur la droite qui joint les points d'application de ces forces.

EXERCICES

1. Démontrer directement que le moment de la résultante de deux forces parallèles par rapport à un point pris dans le plan des forces est égal à la somme algébrique des moments des composantes (37).

2. Démontrer que la somme algébrique des moments des deux forces qui constituent un couple (34), par rapport à un point pris dans le plan du couple, est indépendante de la position de ce point. — Cette somme s'appelle le *moment du couple.*

3. Trois forces agissant perpendiculairement sur les milieux des côtés d'un triangle et dans le plan de ce triangle, ont des intensités respectivement proportionnelles aux côtés auxquels elles sont appliquées. Démontrer que ces forces se font équilibre.

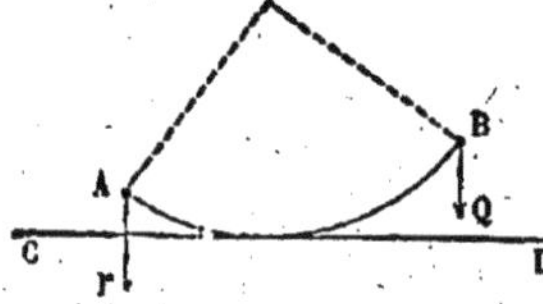

4. Un arc de cercle AB, correspondant à un angle droit, peut rouler sur une droite CD; aux extrémités A et B on applique deux forces P et Q perpendiculaires à CD. Déterminer la position d'équilibre.

5. Même problème en supposant que l'arc AB correspond à un angle quelconque. — Cas où l'arc est une demi-circonférence.

CHAPITRE IV

CENTRES DE GRAVITÉ

47. — Considérons un corps solide placé à la surface de la terre et très-petit par rapport aux dimensions du globe terrestre. Les actions de la pesanteur sur toutes les molécules du corps, ou les *poids* de ces molécules, sont des forces sensiblement parallèles et de même sens; leur résultante, qui est égale à leur somme, est le *poids du corps*. Si l'on donne au corps diverses positions, chacune de ces forces conserve son point d'application et son intensité, et toutes restent parallèles à la verticale; mais la direction de ces forces par rapport au corps est changée, et le résultat est le même que si on avait fait tourner chaque force autour de son point d'application, comme on l'a dit plus haut (38). On peut même transporter le corps en un lieu où l'intensité de la pesanteur n'est pas la même; toutes les forces sont alors altérées dans le même rapport, et le point d'application de la résultante ne change pas. Le centre des forces parallèles dues à l'action de la pesanteur sur toutes les molécules d'un corps s'appelle *centre de gravité*.

Pour déterminer le centre de gravité d'un corps, il faut composer les poids des différentes molécules et, par suite, supposer que les points d'application de ces forces sont liés entre eux d'une manière invariable, c'est-à-dire que l'ensemble des molécules constitue un corps solide. On peut se proposer de déterminer le centre de gravité d'un corps fluide, liquide ou gazeux, occupant un certain volume; dans ce cas, on supposera le fluide solidifié sous la forme qu'il occupe à un certain moment et on cherchera le centre de gravité du corps solide ainsi obtenu. Le centre de gravité d'une masse fluide se déplace dans l'intérieur de ce corps quand la forme en est modifiée.

De même, on peut envisager le centre de gravité d'un système quelconque de corps séparés les uns des autres, en supposant implicitement qu'on ait établi des liaisons invariables entre les différents corps qui composent ce système.

Le centre de gravité d'un corps solide est un point parfaitement déterminé, lié au corps, et l'on peut trouver sa position quand on sait comment la matière est distribuée dans l'intérieur de ce corps. Le problème présente souvent de grandes difficultés, nous n'examinerons que les cas les plus simples.

48. — Un corps solide est *homogène* quand deux parties d'égal volume, prises en des points quelconques, ont exactement le même poids. On peut supposer que la matière est répandue uniformément et d'une manière continue dans tout le volume occupé par le corps. La détermination du centre de gravité est alors ramenée à une question purement géométrique.

Imaginons qu'un corps solide s'étende sur une surface plus ou moins considérable et sous une épaisseur très faible, comme une feuille de tôle, par exemple; nous pourrons faire abstraction de l'épaisseur, considérer la surface comme pesante, et chercher son centre de gravité. La surface sera homogène si deux parties d'égale étendue, prises en des points quelconques, ont le même poids.

De même un corps solide peut avoir la forme d'un fil très-mince; en faisant abstraction de la section de ce fil, nous aurons l'idée d'une ligne pesante, et nous pourrons déterminer son centre de gravité. La ligne est homogène si deux parties d'égale longueur ont le même poids.

Dans tout ce qui va suivre, nous ne considérerons que les corps homogènes, et nous ferons d'abord quelques remarques préliminaires pour faciliter la recherche de leurs centres de gravité.

49. — Quand un corps solide a un *centre de figure*, on peut imaginer que ce corps est formé de molécules situées deux à deux sur une même droite passant par le centre de figure, de part et d'autre et à égale distance; le centre de gravité coïncide alors avec le centre de figure. En effet, les poids de deux molécules symétriques

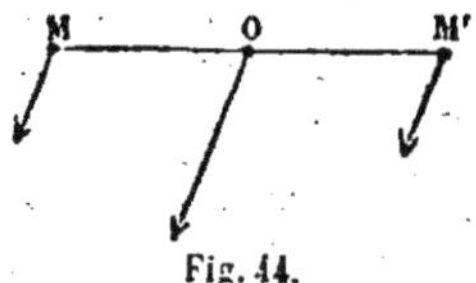

Fig. 44.

M et M' (fig. 44) ont pour résultante une force égale à leur somme et appliquée au milieu O de la distance MM', qui est le centre de figure. Chaque couple de molécules donne une résultante appliquée au point O, la résultante totale sera donc aussi appliquée en ce point.

Quand un corps a *un plan de symétrie*, on peut imaginer que ce corps est formé de molécules situées deux à deux sur une même perpendiculaire au plan de symétrie, de part et d'autre et à égale distance; le centre de gravité est alors situé dans le plan de symétrie. En effet, les poids de deux molécules symétriques M et M′ (fig. 45) ont pour résultante une force égale à leur somme et appliquée au milieu O de la ligne MM′, c'est-à-dire sur le plan de symétrie. Chaque couple de molécules donne une résultante appliquée en un point de ce plan, le point d'application de la résultante totale sera donc aussi dans le plan de symétrie.

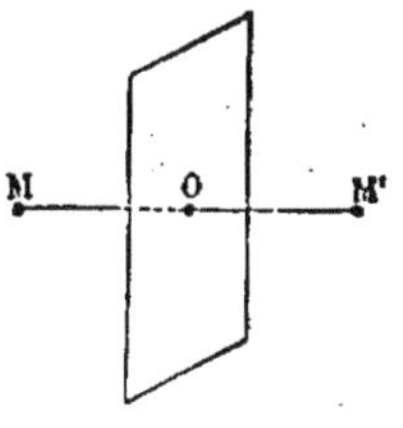

Fig. 45.

Si le corps a *deux plans de symétrie*, le centre de gravité devant se trouver en même temps sur chacun d'eux, sera situé sur la ligne d'intersection de ces deux plans.

Si le corps a *trois plans de symétrie* qui n'ont qu'un point commun, le centre de gravité sera au point d'intersection des trois plans de symétrie. Ce point sera d'ailleurs un centre de figure.

50. — On en déduit immédiatement les conséquences suivantes :

1° Le centre de gravité d'une *ligne droite* AB (fig. 46) est au milieu O de cette droite.

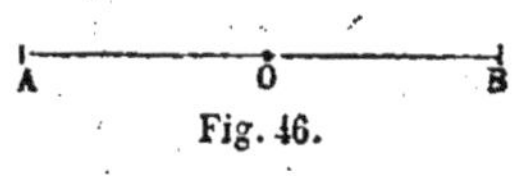

Fig. 46.

2° Le centre de gravité du *contour* ou de l'*aire* d'un *parallélogramme* ABCD (fig. 47) est au point d'intersection O des deux diagonales, ou au milieu de chacune d'elles, puisque ce point est un centre de figure. On voit aussi que le centre de gravité est au milieu de la droite EF, qui joint les milieux de deux côtés opposés.

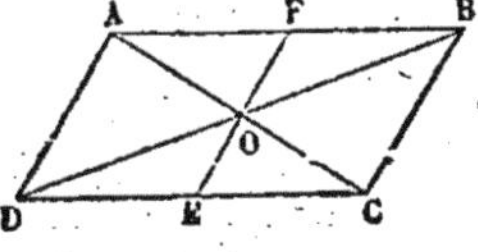

Fig. 47.

3° Le centre de gravité du *contour*, de la *surface* ou du *volume* d'un *parallélipipède* est au point de rencontre des trois diagonales, puisque ce point est un centre de figure.

4° Le centre de gravité de la *circonférence* ou du *cercle* est au centre du cercle.

5° Le centre de gravité de la *surface* ou du *volume* de la *sphère* est au centre de la sphère.

6° Le centre de gravité de la *surface* ou du *volume* d'un *cylindre circulaire droit* est au milieu de l'axe du cylindre, qui peut être considéré comme le point de rencontre de trois plans de symétrie.

Centre de gravité de la surface d'un triangle

51. — Considérons un triangle quelconque ABC (fig. 48). Joignons le sommet A au milieu D du côté opposé, et divisons la ligne AD en un certain nombre de parties égales. Par les points de division D′, D″, D‴, menons des parallèles à la base BC, et par les points B′, C′, B″, C″,... où ces parallèles coupent les deux autres côtés, menons des parallèles à la médiane AD; nous formerons ainsi une série de parallélogrammes inscrits dans le triangle. La diagonale AD passe par les centres O, O′, O″ de tous ces parallélogrammes, parce qu'elle coupe en leurs milieux tous les côtés parallèles à la base BC. Appliquons aux points O, O′, O″, des forces égales aux poids de tous ces parallélogrammes, la résultante de ces forces sera appliquée en un point de la ligne AD. La somme de ces parallélogrammes est plus petite que la surface du triangle, mais elle s'en rapproche de plus en plus, quand on augmente indéfiniment le nombre des divisions de la droite AD. Le centre de gravité de la somme des parallélogrammes, quel qu'en soit le nombre étant situé sur la droite AD, il en résulte que le centre de gravité du triangle est lui-même sur la droite AD.

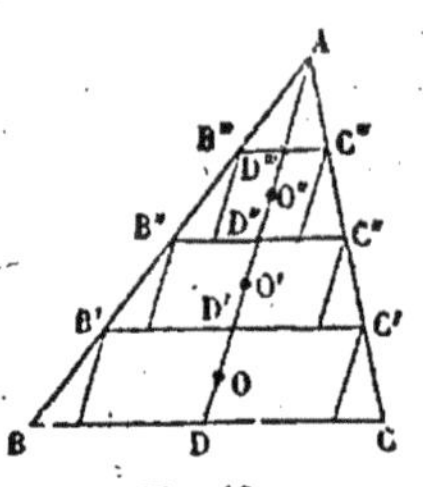

Fig. 48.

Par la même raison, le centre de gravité du triangle est situé sur la droite BE (fig. 49) qui joint le sommet B au milieu du côté opposé; il est donc au point de rencontre G de ces deux droites. Comme le centre de gravité doit se trouver aussi sur la troisième médiane CF, on en conclut que les trois médianes d'un triangle se rencontrent en un même point, qui est le centre de gravité de la surface du triangle.

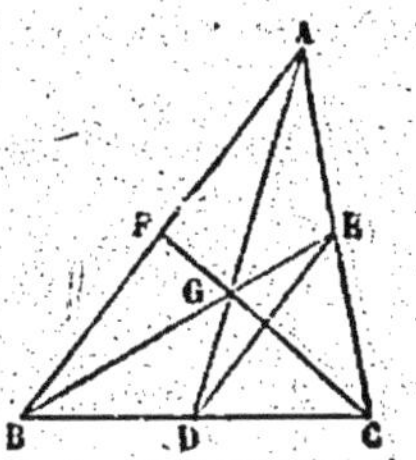

Fig. 49.

La droite DE, qui joint les milieux des deux côtés BC et AC, est parallèle à AB et égale à la moitié de ce côté. Les triangles semblables ABG et GED donnent les relations

$$\frac{GD}{AG}=\frac{ED}{AB}=\frac{1}{2};$$

par suite,

$$GD=\frac{AG}{2}=\frac{AD}{3}.$$

Donc, *le centre de gravité de la surface d'un triangle est situé au point de rencontre des médianes*, ou bien *sur une médiane quelconque, au tiers de sa longueur à partir de la base.*

52. — Imaginons qu'on ait placé aux trois sommets du triangle trois poids égaux P, et cherchons le centre de gravité de ces trois corps. Les deux poids égaux placés en B et en C ont pour résultante une force égale à leur somme 2P, appliquée au point D, milieu de BC. La résultante de la force 2P appliquée en D et de la force P appliquée en A, est une force égale à leur somme et appliquée en un point de la droite AD, dont les distances aux points A et D sont en raison inverse des composantes, c'est-à-dire comme 2 est à 1; ce point d'application coïncidera avec le point G.

Donc, *le centre de gravité de la surface d'un triangle coïncide avec le centre de gravité de trois poids égaux placés aux trois sommets du triangle.*

Centre de gravité du contour d'un triangle

53. — Cherchons le centre de gravité de la ligne brisée qui forme le contour d'un triangle ABC (fig. 50). Les centres de gravité des trois côtés du triangle sont en leurs milieux; nous appliquerons aux points C′, A′ et B′ des forces parallèles et de même sens, égales aux poids des côtés AB, BC et CA. Nous obtiendrons le point d'application D de la résultante des deux forces appliquées en B′ et en C′, en divisant la droite C′B′ en deux parties inversement proportionnelles à ces forces, c'est-à-dire aux côtés AB et AC; on aura donc

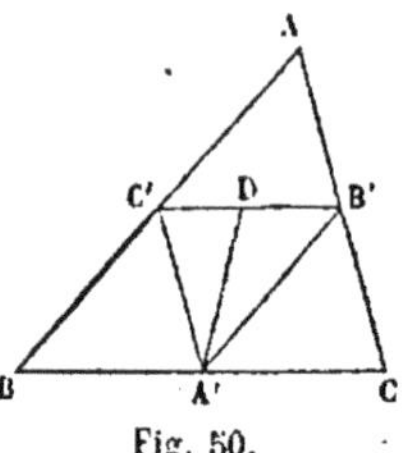

Fig. 50.

$$\frac{DB'}{DC'} = \frac{AB}{AC}.$$

Mais la ligne A′B′, qui joint les milieux des deux côtés BC et AC, est égale à la moitié de AB; de même A′C′ égale la moitié de AC, de sorte qu'on a aussi

$$\frac{DB'}{DC'} = \frac{A'B'}{A'C'}.$$

Dans le triangle A′B′C′, la droite A′D divise le côté C′B′ en deux segments proportionnels aux côtés B′A′ et C′A′, elle est donc bissectrice de l'angle A′. Le centre de gravité cherché est situé sur la droite A′D, puisqu'on l'obtiendra en composant les deux forces appliquées en A′ et en D. De même, ce centre de gravité doit se trouver sur les bissectrices des angles B′ et C′; il est donc situé au point de rencontre de ces trois bissectrices, qui est le centre du cercle inscrit au triangle A′B′C′.

Donc, *le centre de gravité du contour d'un triangle coïncide avec le centre du cercle inscrit au triangle qui a pour sommets les milieux des côtés du triangle proposé.*

54. — Pour obtenir le centre de gravité d'un contour polygonal, on appliquera au milieu de chaque côté une force égale au poids de ce côté, c'est-à-dire proportionnelle à sa longueur, et l'on construira la résultante de toutes ces forces parallèles et de même sens. Le point d'application de cette résultante sera le centre de gravité du contour polygonal.

De même, pour trouver le centre de gravité d'un polygone

quelconque, on le partagera en triangles, au moyen de diagonales partant, par exemple, d'un même sommet. Au centre de gravité de chaque triangle, on appliquera une force proportionnelle à sa surface, et l'on déterminera le point d'application de la résultante de toutes les forces parallèles et de même sens qui correspondent aux différents triangles. Nous allons appliquer cette méthode à deux exemples.

Centre de gravité du trapèze

55. — Remarquons d'abord que le centre de gravité du trapèze est situé sur la ligne qui joint les milieux des deux côtés parallèles. En effet, formons le triangle SAB (fig. 51), en prolongeant les côtés AC, BD non parallèles du trapèze ABCD. La médiane SE du triangle SAB passe par le milieu de la droite CD parallèle à la base. Le triangle SAB est la somme du trapèze ABCD et du petit triangle SCD ; le poids de ce triangle SAB est la résultante du poids du trapèze et du poids du petit triangle, et son point d'application est situé sur la droite qui joint les points d'application des deux autres. Or, les centres de gravité des deux triangles sont situés sur la médiane SE, le centre de gravité du trapèze est aussi sur cette médiane.

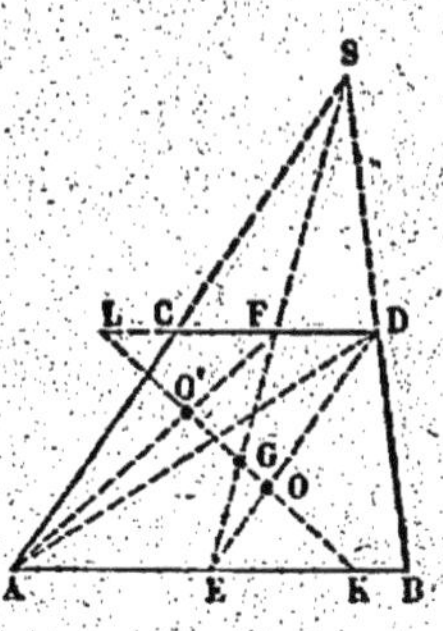

Fig. 51.

Décomposons maintenant le trapèze en deux triangles par la diagonale AD. Le centre de gravité du triangle DAB est situé en O sur la médiane ED, au tiers de sa longueur à partir du point E ; de même le centre de gravité du triangle ACD est en O', au tiers de la médiane FA. Le trapèze étant la somme des deux triangles, son centre de gravité est situé sur la droite OO' qui joint les centres de gravité des deux triangles.

Donc, *le centre de gravité d'un trapèze est situé au point de rencontre* G *de la médiane* FE *et de la droite* OO' *qui joint les centres de gravité des deux triangles dans lesquels on décompose le trapèze.*

50. — On peut trouver encore une autre construction plus simple. Prolongeons la droite OO′ jusqu'à la rencontre des deux côtés AB et CD, prolongés s'il le faut. Le point O étant situé au tiers de la longueur ED, est aussi situé au tiers de la longueur KL qui est comprise entre les mêmes parallèles AB et CD. De même, le point O′ étant au tiers de la longueur FA, est au tiers de la longueur LK, et l'on a

$$KO = LO' = OO'.$$

Les deux triangles DAB, ACD peuvent être considérés comme ayant même hauteur et des bases différentes AB et CD, que nous désignerons par a et b; les surfaces ou les poids de ces triangles sont proportionnels à leurs bases. Le point G étant le point d'application de la résultante de deux forces appliquées en O et O′ et proportionnelles aux surfaces des deux triangles, on a la relation

$$\frac{OG}{O'G} = \frac{b}{a}.$$

En changeant la forme de cette proportion, puis ajoutant les numérateurs ensemble et les dénominateurs ensemble, on obtient les trois rapports égaux

$$\frac{OG}{b} = \frac{O'G}{a} = \frac{OO'}{a+b}.$$

Ajoutons successivement les termes des deux premiers rapports aux termes correspondants du troisième, nous obtiendrons

$$\frac{OO'}{a+b} = \frac{OO'+OG}{a+2b} = \frac{OO'+O'G}{2a+b}.$$

Enfin, en remplaçant OO′ par OK dans le deuxième rapport, et par OL dans le troisième, il vient

$$\frac{GK}{a+2b} = \frac{GL}{2a+b},$$

ou bien

$$\frac{GK}{GL}=\frac{a+2b}{2a+b}=\frac{\frac{a}{2}+b}{a+\frac{b}{2}}.$$

D'autre part, les deux triangles semblables GEK, GFL donnent la relation

$$\frac{GK}{GL}=\frac{GE}{GF}$$

et, en comparant cette équation à la précédente, on obtient

$$\frac{GE}{GF}=\frac{\frac{a}{2}+b}{a+\frac{b}{2}}.$$

On en déduit la construction suivante :

On prolonge le côté CD (fig. 52) *d'une longueur* DB' *égale au côté* AB *qui lui est parallèle : on prolonge de même* BA, *en sens contraire, d'une longueur* AC' *égale à* CD, *et on joint* C'B'. *Le point de rencontre de cette droite et de la médiane* EF *est le centre de gravité du trapèze.* En effet, les triangles semblables GEC' et GFB' donnent la relation

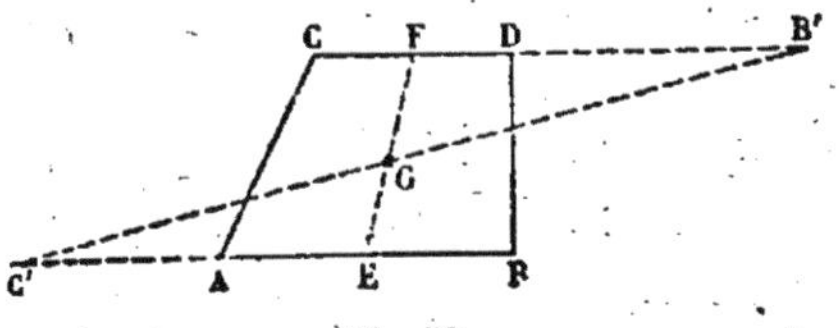

Fig. 52.

$$\frac{GE}{GF}=\frac{EC'}{FB'}=\frac{\frac{a}{2}+b}{a+\frac{b}{2}},$$

qui a été trouvée précédemment.

Centre de gravité d'un quadrilatère quelconque

57. — Considérons le quadrilatère ABCD (fig. 53). Décomposons-le en deux triangles par la diagonale AC, et, par le milieu E de cette diagonale, menons les médianes EB, ED de ces deux triangles. Le centre de gravité du triangle ABC est situé en O, au tiers de la médiane EB ; le centre de gravité du triangle ACD est en O′ au tiers de ED. Le centre de gravité du quadrilatère, qui est la somme des deux triangles, est situé sur la droite OO′, et il partage cette droite en deux segments GO, GO′ inversement proportionnels aux surfaces des deux triangles. Ces deux triangles ABC, ACD, ayant même base AC, sont entre eux comme leurs hauteurs, ou bien comme les segments FB et FD de l'autre diagonale du quadrilatère. On doit donc avoir

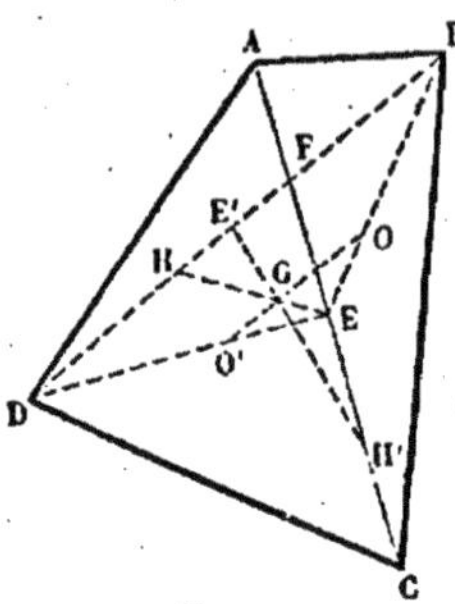

Fig. 53.

$$\frac{GO}{GO'} = \frac{FD}{FB}.$$

Prenons sur la diagonale DB une longueur DH égale au segment BF et joignons EH ; cette droite EH passe par le point G, car on a, par construction, les droites BD et OO′ étant parallèles,

$$\frac{GO}{GO'} = \frac{BH}{DH} = \frac{FD}{FB}.$$

On en déduit la construction suivante : *On mène les deux diagonales* AC, BD *du quadrilatère ; on joint le milieu* E *de l'une d'elles aux deux extrémités* B *et* D *de l'autre et on mène une droite* OO′ *qui coupe les deux précédentes au tiers de leur longueur à partir du point* E ; *sur l'autre diagonale* DB *on prend une longueur* DH *égale à* BF *et on joint* EH ; *le point de rencontre* G *des deux droites* OO′ *et* EH *est le centre de gravité du quadrilatère.*

Au lieu de mener la droite OO', on pourrait encore prendre, sur la première diagonale, une longueur CH' égale à AF et joindre le point H' au milieu E' de la diagonale BD. Il est clair que le point de rencontre des deux droites EH et E'H' est aussi le centre de gravité du quadrilatère.

Centre de gravité d'un prisme triangulaire

58. — Considérons le prisme triangulaire ABC $A_1B_1C_1$ (fig. 54) à bases parallèles. Menons la médiane AD de la base ABC, divisons-la en un certain nombre de parties égales, et, par les points de

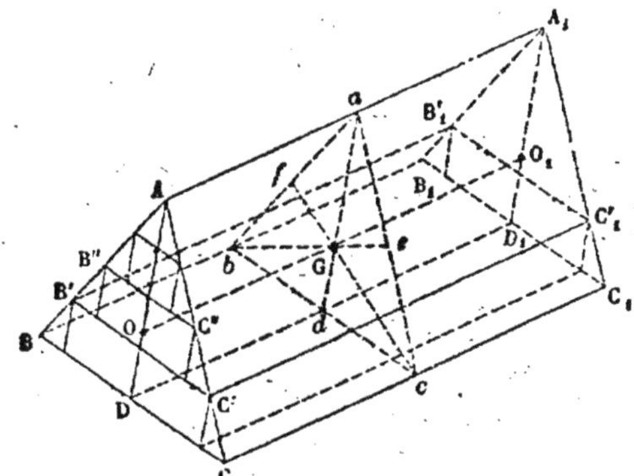

Fig. 54.

division, menons des plans, tels que $C'B'B'_1C'_1$, parallèles à la face latérale CBB_1C_1. Par les droites d'intersection $C'C'_1$, $B'B'_1$ de ces plans avec les autres faces latérales, menons des plans parallèles au plan A_1AD ; nous formerons ainsi une série de parallélipipèdes inscrits dans le prisme. Le centre de gravité de chaque parallélipipède est situé dans le plan A_1AD, qui coupe en leurs milieux toutes les arêtes parallèles à BC, et dans le plan *abc* mené par les milieux des arêtes latérales du prisme ; il est donc situé sur la médiane *ad* du triangle *abc*.

La somme de ces parallélipipèdes est plus petite que le prisme, mais elle s'en rapproche de plus en plus quand on augmente indéfiniment le nombre des divisions de la droite AD. Le centre de gravité de la somme des parallélipipèdes, quel qu'en soit le nombre, étant situé sur la médiane *ad*, le centre de gravité du prisme sera aussi sur cette médiane.

Par la même raison, le centre de gravité du prisme est situé sur les deux autres médianes *be* et *cf* du triangle *abc* ; il est donc au centre de gravité G de ce triangle. On peut remarquer que le point G est au milieu de la droite OO_1, qui joint les centres de gravité O et O_1 des deux bases ABC, $A_1B_1C_1$ du prisme.

Donc, *le centre de gravité d'un prisme triangulaire coïncide avec le centre de gravité de la section menée par les milieux des arêtes latérales*, ou bien *est situé au milieu de la droite qui joint les centres de gravité des deux bases.*

Centre de gravité d'un prisme quelconque

59. — La même règle s'applique à un prisme quelconque. Considérons le prisme polygonal AD_1 (fig. 55) ; décomposons-le en prismes triangulaires en menant des plans diagonaux par une des arêtes AA_1 et les différentes diagonales AC, AD d'une des bases. Par le milieu *a* d'une des arêtes latérales, menons un plan parallèle aux bases ; ce plan coupera toutes les autres arêtes latérales en leurs milieux, et déterminera un polygone *abcde* égal aux polygones des bases. Le centre de gravité du prisme triangulaire $ABCA_1B_1C_1$ coïncide avec le centre de gravité *g* du triangle *abc*; de même, les centres de gravité des autres prismes triangulaires coïncident avec les centres de gravité *g'*, *g''* des triangles *acd*, *ade*. Tous ces prismes triangulaires ont même hauteur, les volumes sont proportionnels aux bases, ou aux triangles *abc*, *acd*, *ade*. Appliquons aux points *g*, *g'*, *g''* des forces égales aux poids des différents prismes, c'est-à-dire proportionnelles aux triangles *abc*, *acd*, *ade* ; le point d'application de la résultante sera le centre de gravité du

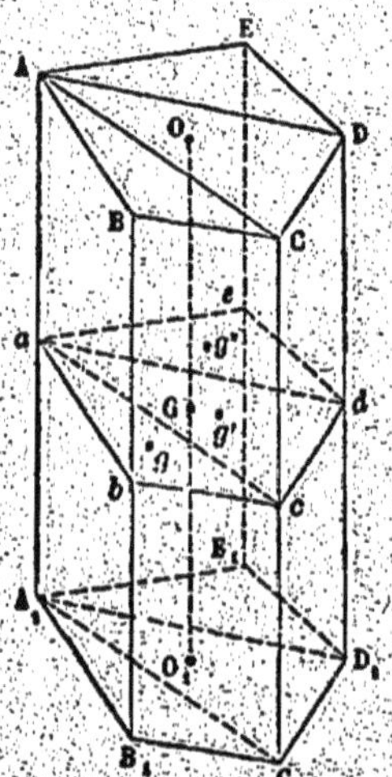

Fig. 55.

prisme polygonal. On voit que ce point d'application coïncidera avec le centre de gravité G du polygone *abcde*. Le point G est encore au milieu de la droite OO_1, qui joint les centres de gravité des deux bases.

Donc, *le centre de gravité d'un prisme polygonal coïncide avec le centre de gravité de la section parallèle aux bases menée par le milieu d'une arête latérale*, ou bien *est situé au milieu de la droite qui joint les centres de gravité des deux bases.*

On sait que le volume d'un cylindre est la limite vers laquelle tend le volume d'un prisme polygonal inscrit dans le cylindre, à mesure qu'on augmente le nombre des côtés de la base, en même temps que chacun d'eux tend vers zéro. Le théorème précédent s'applique toujours aux prismes inscrits ; il sera vrai aussi pour le cylindre.

Donc, *le centre de gravité d'un cylindre est situé au milieu de la droite qui joint les centres de gravité des deux bases.*

Centre de gravité d'une pyramide triangulaire.

60. — Soit la pyramide triangulaire SABC (fig. 56). Joignons le sommet S au centre de gravité D de la face opposée ABC ; divisons la ligne SD en un certain nombre de parties égales, et, par les points de division D′, D″, D‴, menons des plans parallèles à la face ABC. Ces plans couperont la pyramide suivant des triangles A′B′C′, A″B″C″, A‴B‴C‴, semblables au triangles ABC, et, par raison de similitude, les centres de gravité de ces divers triangles seront situés en D′, D″, D‴ sur la droite SD qui joint le sommet S au centre de gravité de la face ABC. Menons par les droites A′B′, A′C′, C′B′, A″B″.... des plans parallèles à la droite SD, nous formerons ainsi une série de prismes triangulaires, tels

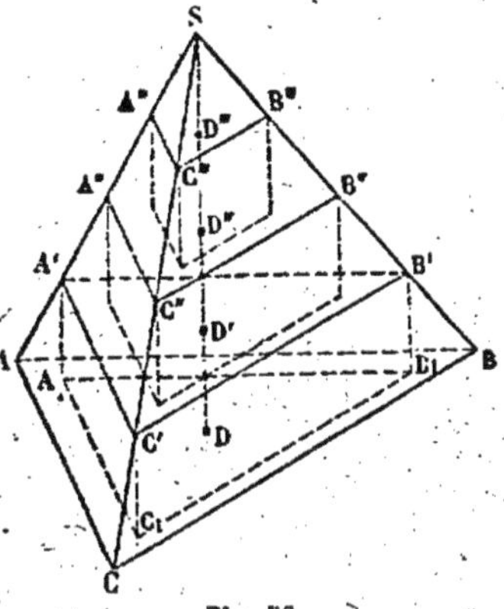

Fig. 56.

que $A'B'C'A_1B_1C_1$, inscrits à la pyramide. La droite SD passe par les centres de gravité des bases de tous ces prismes ; le centre de gravité de chacun d'eux est donc situé sur la droite SD, et, par suite, le centre de gravité de leur somme est aussi sur cette droite. Or, quand on augmente indéfiniment le nombre des prismes, leur somme a pour limite la pyramide elle-même ; donc le centre de gravité de la pyramide est aussi sur la droite SD qui joint l'un des sommets S au centre de gravité D de la face opposée.

Par la même raison, le centre de gravité de la pyramide se trouve sur la ligne AE (fig. 57), qui joint le sommet A au centre de gravité E de la face opposée, et, par suite, au point de rencontre G de ces deux droites. Donc, *les quatre lignes qui joignent les sommets d'une pyramide triangulaire aux centres de gravité des faces opposées passent par un même point, qui est le centre de gravité de la pyramide.*

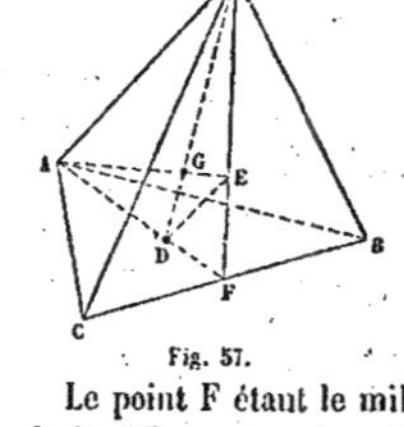

Fig. 57.

Le point F étant le milieu de BC, le point D se trouve sur la droite AF, au tiers de sa longueur à partir du point F ; de même, le point E est situé au tiers de la droite FS, à partir du point F. Les deux droites SD et AE, étant situées dans un même plan, se rencontrent en un point G. Joignons DE ; cette droite divise en parties proportionnelles les deux côtés SF et AF du triangle ASF ; elle est donc parallèle à AS et égale au tiers de AS. Les deux triangles SAG, DEG sont semblables et donnent

$$\frac{GD}{GS}=\frac{DE}{AS}=\frac{1}{3};$$

par suite,

$$GD=\frac{1}{3}GS=\frac{1}{4}SD.$$

Donc, *le centre de gravité d'une pyramide triangulaire est si-*

tué sur la droite qui joint un sommet au centre de gravité de la face opposée, et au quart de sa longueur à partir de cette face.

61. — Imaginons qu'on ait placé aux quatre sommets de la pyramide quatre poids égaux P, et cherchons le centre de gravité de ces quatre corps. Les trois poids égaux appliqués en A, B, C ont pour résultante une force égale à leur somme 3P, appliquée au centre de gravité D du triangle ABC. La résultante de la force 3P appliquée en D et de la force P appliquée en S est une force égale à leur somme et appliquée en un point de la droite SD dont les distances aux points S et D sont en raison inverse des composantes, c'est-à-dire comme 3 est à 1 ; ce point d'application coïncide avec le point G.

Donc, *le centre de gravité d'une pyramide triangulaire coïncide avec le centre de gravité de quatre poids égaux placés aux quatre sommets de la pyramide.*

62. — On peut combiner autrement ces quatre poids égaux. La résultante des deux poids appliqués en C et en B est une force égale à 2P et appliquée au milieu F de l'arête CB ; de même, la résultante des deux autres poids placés en A et en S est une force 2P appliquée au milieu de l'arête SA. La résultante de ces deux forces nouvelles égales à 2P est une force égale à 4P et appliquée au milieu de la droite qui joint le milieu de l'arête CB au milieu de l'arête opposée SA. Ce dernier point d'application est encore le centre de gravité de la pyramide. On en conclut que *les droites qui joignent les milieux des arêtes opposées d'une pyramide triangulaire passent par un même point, qui est le milieu de chacune d'elles et le centre de gravité de la pyramide.*

Centre de gravité d'une pyramide quelconque

63. — Considérons la pyramide polygonale SABCDE (fig. 58). Décomposons-la en pyramides triangulaires en menant des plans diagonaux par une des arêtes SA ; menons par le point *a*, au quart de l'arête SA à partir du point A, un plan parallèle à la base. Ce plan coupera la pyramide suivant un polygone *abcde*, semblable au polygone de base, et chacune des pyramides triangulaires suivant un triangle *abc* semblable à la base ABC de cette pyramide. La droite qui joint le sommet S au centre de gravité du triangle ABC est coupée par le plan *abc* au quart de sa longueur, et passe par le centre de gravité *g* du triangle *abc*. Ce point *g* est donc le centre de gravité de la pyramide triangulaire SABC.

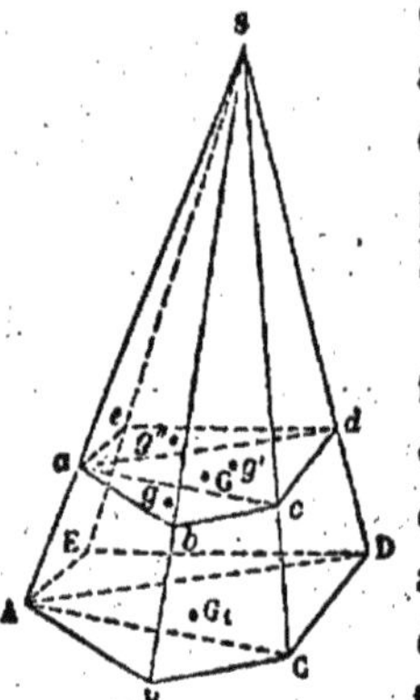

Fig. 58.

De même, les centres de gravité des autres pyramides triangulaires SACD, SADE coïncident avec les centres de gravité g', g'' des triangles *acd*, *ade*. Il faut maintenant appliquer aux points g, g', g'', des forces égales aux poids des différentes pyramides triangulaires ; ces pyramides ont la même hauteur : leurs volumes et, par suite, leurs poids sont proportionnels à leurs bases ABC, ACD, ADE, ou bien aux triangles *abc*, *acd*, *ade*. Le point d'application de la résultante de ces forces sera donc le centre de gravité G du polygone *abcde*. On voit aussi que, par raison de similitude, la droite SG_1, qui joint le sommet au centre de gravité de la base, passe par le centre de gravité du polygone *abcde*, et est coupée par le plan de ce polygone au quart de sa longueur, à partir de la base.

Donc, *le centre de gravité d'une pyramide quelconque coïncide avec le centre de gravité de la section parallèle à la base menée au quart de la hauteur*, ou bien *est situé sur la droite qui joint le sommet de la pyramide au centre de gravité de la base, et au quart de cette droite à partir de la base.*

Le volume d'un cône est la limite vers laquelle tend le volume d'une pyramide polygonale inscrite dans le cône, à mesure qu'on augmente le nombre des côtés de la base, en même temps que chacun d'eux tend vers zéro. Le théorème précédent s'applique à toutes les pyramides inscrites, il est donc vrai aussi pour le cône.

Donc, *le centre de gravité d'un cône est situé sur la droite qui joint le sommet au centre de gravité de la base, et au tiers de cette droite à partir de la base.*

Centre de gravité d'un tronc de pyramide triangulaire

64. — En coupant une pyramide triangulaire SABC (fig. 59) par un plan parallèle à l'une des faces ABC, on détermine un tronc de pyramide ABCA'B'C' à bases parallèles.

La droite qui joint le sommet S au centre de gravité O de la base ABC, passe par le centre de gravité O' du triangle A'B'C', comme nous l'avons déjà vu. Cette droite joint donc les centres de gravité des deux bases du tronc de pyramide. La pyramide totale SABC étant la somme du tronc de pyramide et de la pyramide supérieure SA'B'C', son centre de gravité sera situé sur la droite qui joint le centre de gravité de la pyramide supérieure et celui du tronc de pyramide. Or, les centres de gravité des deux pyramides étant situés sur la droite SO, le centre de gravité du tronc de pyramide doit se trouver aussi sur la même droite. Donc déjà *le centre de gravité du tronc de pyramide triangulaire est situé sur la droite qui joint les centres de gravité des deux bases.*

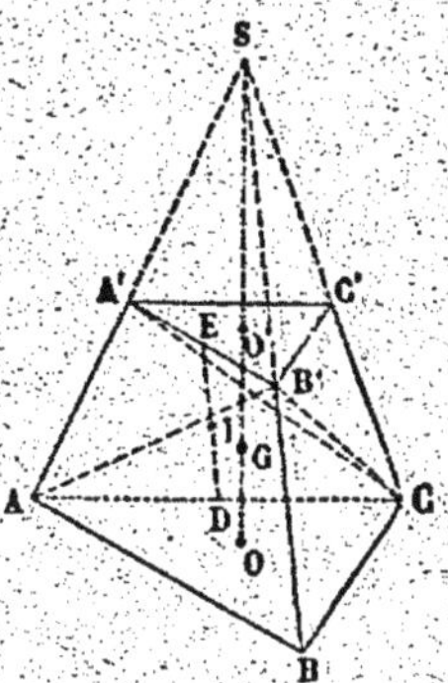

Fig. 59.

On peut décomposer le tronc de pyramide en trois pyramides triangulaires B'ABC, CA'B'C' et ACA'B'. Désignons par h la hauteur du tronc de pyramide, et par b et b' les deux bases ABC, A'B'C'.

Le centre de gravité de la pyramide B'ABC est à une distance de la base inférieure égale à $\frac{h}{4}$; de même, le centre de gravité de la pyramide CA'B'C' est à une distance de la base supérieure égale à $\frac{h}{4}$. Quant au centre de gravité de la pyramide ACA'B', il est à égale distance $\frac{h}{2}$ des deux bases, puisqu'il est situé (62) au milieu I de la droite DE qui joint les milieux des deux arêtes opposées AC, A'B' de la pyramide. On sait d'ailleurs que cette troisième pyramide ACA'B' est équivalente à une pyramide qui aurait pour hauteur h et pour base une moyenne proportionnelle entre les deux bases b et b' du tronc de pyramide.

Les trois pyramides qui composent le tronc de pyramide ayant la même hauteur, leurs volumes et, par suite, leurs poids sont proportionnels à leurs bases b, b' et $\sqrt{bb'}$.

Désignons maintenant par x la distance du centre de gravité du tronc de pyramide à la base inférieure, prenons les moments des poids des pyramides et du tronc par rapport au plan de la base inférieure et appliquons le théorème du n° 46 ; ce théorème donne l'équation

$$b\frac{h}{4} + b'\frac{3h}{4} + \sqrt{bb'}\frac{h}{2} = x\left(b + b' + \sqrt{bb'}\right).$$

Appelant y la distance du centre de gravité du tronc de pyramide à la base supérieure, nous aurons de même

$$b\frac{3h}{4} + b'\frac{h}{4} + \sqrt{bb'}\frac{h}{2} = y\left(b + b' + \sqrt{bb'}\right).$$

En divisant ces deux équations membre à membre, il reste

$$\frac{x}{y} = \frac{b + 3b' + 2\sqrt{bb'}}{3b + b' + 2\sqrt{bb'}}.$$

Tel est le rapport des distances du centre de gravité du tronc de pyramide aux deux bases, et, par suite, le rapport suivant lequel il faut diviser la droite OO′, qui joint les centres de gravité des deux bases, pour obtenir le centre de gravité G du tronc de pyramide.

Le théorème étant démontré pour un tronc de pyramide triangulaire, on l'étendra facilement à un tronc de pyramide quelconque et à un tronc de cône.

65. — De même, pour obtenir le centre de gravité d'un polyèdre quelconque, on le décomposera en un certain nombre de pyramides. Au centre de gravité de chaque pyramide on appliquera une force égale au poids de cette pyramide, et on cherchera le point d'application de la résultante de toutes ces forces parallèles et de même sens; ce point sera le centre de gravité du polyèdre.

Centre de gravité d'un arc de cercle

60. — Considérons un arc de cercle ACB (fig. 60). Soit C le milieu de cet arc; le diamètre OC coupant cet arc en deux moitiés symétriques, le centre de gravité de l'arc de cercle se trouve sur ce diamètre en un point G; il faut déterminer la distance GO. Soit l la longueur de l'arc AB et p le poids de l'unité de longueur; désignons par x la distance OG.

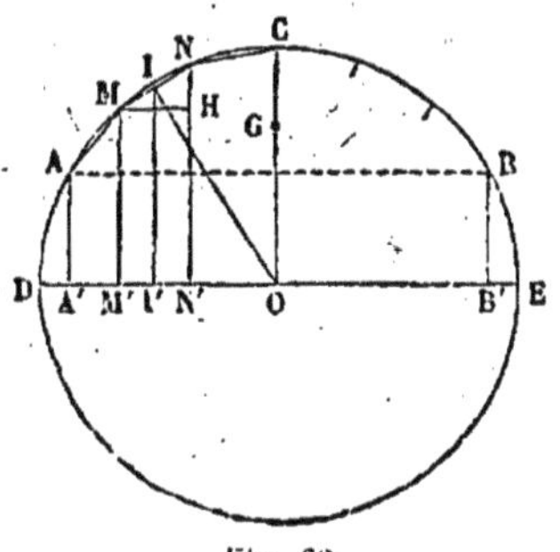

Fig. 60.

Divisons l'arc ACB en un certain nombre de parties égales et inscrivons dans l'arc une ligne brisée homogène; par le diamètre DE parallèle à la corde AB, menons un plan perpendiculaire au plan du cercle et prenons les moments, par rapport à ce plan, des différents côtés de la ligne brisée. Le poids d'un côté quelconque MN est appliqué au milieu I de ce côté, et son moment est égal au produit du poids $p \times MN$ par la perpendiculaire II', c'est-à-dire

$$p \times MN \times II'.$$

Cette expression peut être transformée. Abaissons les perpendiculaires MM' et NN' sur le diamètre DE, menons MH parallèle à ce diamètre et joignons IO. Les triangles OII' et MNH sont semblables, comme ayant leurs côtés perpendiculaires deux à deux, et donnent les rapports égaux

$$\frac{MN}{OI} = \frac{MH}{II'},$$

d'où l'on déduit

$$MN \times II' = OI \times MH.$$

Comme MH est égal à la projection M'N' du côté MN sur le diamètre DE, on voit que le moment du poids de ce côté est égal à

$$p \times OI \times M'N',$$

c'est-à-dire proportionnel au produit du rayon OI du cercle inscrit dans la ligne brisée par la projection M'N' de ce côté. La somme des moments de tous les côtés de la ligne brisée est donc égale au produit de $p \times OI$ par la somme des projections des côtés sur le diamètre DE, c'est-à-dire par la projection A'B' de l'arc. En appelant l' la longueur de la ligne brisée, x' la distance de son centre de gravité au diamètre DE et a la projection de l'arc, on a donc

$$pl'x' = p \times OI \times A'B' = pa \times OI,$$

ou

$$\frac{x'}{OI} = \frac{a}{l'}.$$

Supposons que le nombre des côtés de la ligne brisée augmente de plus en plus; cette ligne a pour limite l'arc ACB et le rayon OI du cercle inscrit tend vers le rayon r du cercle proposé; on en conclut

$$\frac{x}{r} = \frac{a}{l}.$$

Ainsi, *le centre de gravité d'un arc de cercle est situé sur le rayon qui divise l'arc en deux parties égales, et sa distance au centre est au rayon comme la corde qui sous-tend l'arc est à la longueur de l'arc.*

Pour obtenir le centre de gravité d'une demi-circonférence, il suffira de faire $a = 2r$, $l = \pi r$,

d'où $$x = \frac{2r}{\pi}.$$

EXERCICES

1. Déterminer le centre de gravité de quatre poids égaux placés aux sommets d'un quadrilatère.

2. Déterminer le centre de gravité de cinq poids égaux placés sur cinq sommets d'un hexagone régulier.

3. Trouver le centre de gravité d'une sphère homogène dans laquelle on a creusé une cavité sphérique excentrique.

4. Trouver le centre de gravité de la surface d'un triangle équilatéral dont on a enlevé un carré inscrit.

5. Étant donnée une pyramide triangulaire SABC, on mène la droite CB' égale et parallèle à SB, puis la droite B'A' égale et parallèle à SA. Démontrer que le centre de gravité de la pyramide est situé sur la droite SA', au quart de sa longueur à partir du point S.

6. Démontrer que le centre de gravité d'un secteur de cercle homogène coïncide avec le centre de gravité de l'arc dont le rayon est égal aux deux tiers du rayon du secteur.

7. Trouver le centre de gravité du segment qui correspond à un angle de 60°.

8. Démontrer que le centre de gravité d'une zone sphérique est situé au milieu de la hauteur de la zone.

9. Trouver le centre de gravité d'un demi-cercle dont on enlève le carré inscrit.

CHAPITRE V

COMPOSITION D'UN SYSTÈME QUELCONQUE DE FORCES APPLIQUÉES A UN CORPS SOLIDE

67. — Jusqu'ici nous n'avons composé que les forces concourantes et les forces parallèles. Il nous reste maintenant à considérer le cas où un corps solide est soumis à un ensemble de forces quelconques, à chercher quelles sont les forces les plus simples auxquelles on peut les ramener, et quelles sont les conditions nécessaires pour que ces forces se fassent équilibre.

On dit qu'un corps solide est *libre* lorsqu'il peut prendre dans l'espace tous les mouvements possibles. Une force quelconque appliquée à un corps solide libre lui imprime toujours un certain mouvement.

Un corps solide est dit *gêné* lorsqu'il ne peut pas se déplacer dans toutes les directions. Il peut arriver qu'une force appliquée à un corps solide gêné ne donne lieu à aucun mouvement.

68. — Imaginons, par exemple, qu'on fixe un point A (fig. 61) d'un corps solide; ce corps est gêné, il ne peut plus que tourner autour du point A. Appliquons maintenant une force F en un point M de ce corps en repos Si la direction de la force

F passe par le point A, on peut transporter la force au point A, alors cette force sera détruite par la résistance du point fixe, et

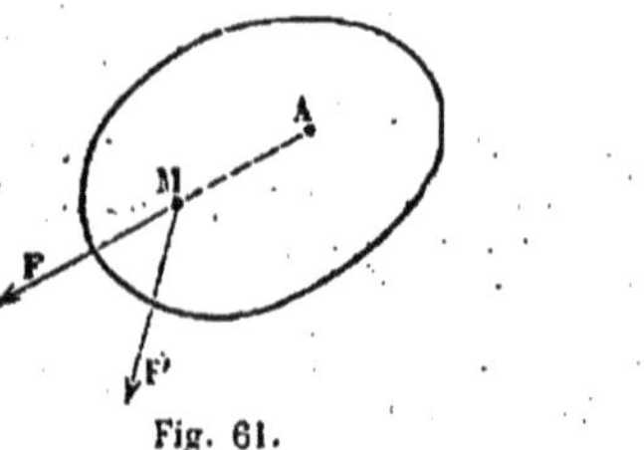

Fig. 61.

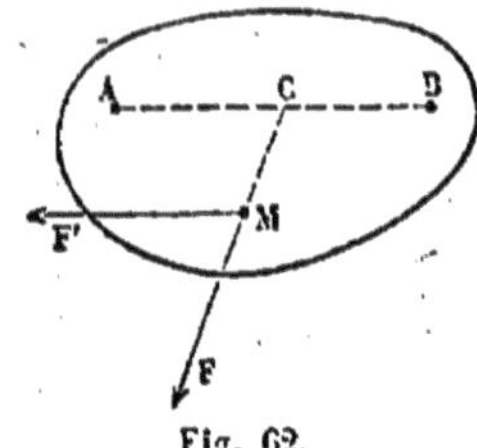

Fig. 62.

le corps restera au repos. Si, au contraire, la direction de la force, F′ par exemple, ne passe pas par le point fixe, le corps tournera évidemment autour de ce point.

Quand on fixe deux points A et B d'un corps solide (fig. 62), ce corps ne peut que tourner autour de l'axe AB. Appliquons une force F en un point M du corps solide en repos. Si la direction de cette force rencontre l'axe en un point C, on pourra transporter son point d'application en C, et alors la force sera détruite par la fixité de l'axe AB. Si, comme la force F′, elle est parallèle à l'axe AB, il est clair qu'elle ne fera pas tourner le corps solide autour de l'axe, parce qu'il n'y a pas de raison pour que le mouvement ait lieu dans un sens plutôt que dans l'autre. Cette force F′ tend uniquement à faire glisser le corps le long de l'axe, et, comme ce mouvement est impossible, il en résulte que le corps restera en repos. Dans les deux cas, la force est dans un même plan avec l'axe fixe AB.

Enfin, si la force n'est pas parallèle à l'axe et si elle ne le rencontre pas, c'est-à-dire si elle n'est pas située dans un même plan avec l'axe, elle fera tourner le corps solide autour de l'axe fixe dans un certain sens.

Équilibre de deux forces

69. — Nous pouvons montrer maintenant que *si deux forces appliquées à un corps solide libre se font équilibre, ces deux forces sont égales et directement opposées*. En effet, soient A et

B (fig. 63) les points d'application des deux forces F et F', et supposons que ces forces se font équilibre. Le corps, étant en repos, restera au repos sous l'action des deux forces, puisque leur résultante est nulle. Nous ne troublerons pas le repos en fixant un point du corps solide, par exemple le point A; alors la force F est détruite par la résistance de ce point. Pour que le corps reste au repos, il faut que la force F' passe aussi par le point A, et, par suite, qu'elle soit dirigée suivant la droite AB. De même, en fixant le point B, on verrait que la force F doit être dirigée suivant la droite BA. Rendons maintenant le corps libre, les deux forces F et F', étant appliquées aux extrémités d'une même droite AB et parallèles à cette droite, ne peuvent se faire équilibre que si elles sont égales et opposées.

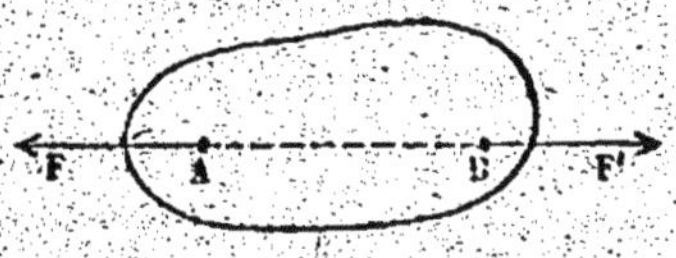

Fig. 63.

Équilibre de trois forces

70. Supposons que trois forces F, F', F'' (fig. 64), appliquées en trois points A, B, C d'un corps solide libre se fassent équilibre : cherchons à quelles conditions elles doivent satisfaire.

Le corps, étant au repos, restera au repos sous l'action des forces ; l'équilibre ne sera pas troublé si nous fixons le point d'application A de la force F et un point quelconque D de la direction de la force F'. Les forces F et F' seront détruites par les points fixes A et D, et ce corps ne pourra plus que tourner autour de la droite AD. Pour que l'équilibre subsiste, il est nécessaire que la force F'' soit dans un même plan avec la droite AD. En fixant le point A et un autre point D' de la direction de la force F', on verrait, par le même raisonnement, que la force F'' doit être située dans un même plan avec la droite AD'. Cette force F'' sera donc située dans le plan ADD', qui contient la

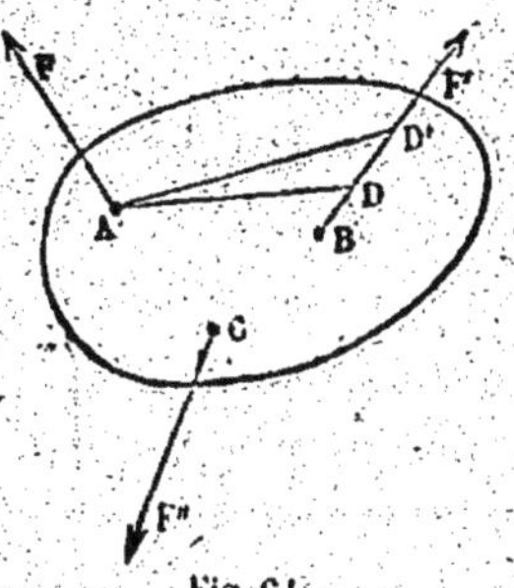

Fig. 64.

force F'; par suite, les deux forces F' et F" sont situées dans un même plan passant par le plan d'application A de la force F. Mais le point A est un point quelconque de la direction de la force F, il en résulte que les trois forces F, F', F" sont dans un même plan. Donc, *pour que trois forces appliquées à un corps solide libre se fassent équilibre, il faut* d'abord *qu'elles soient situées dans un même plan.*

Si ces trois forces sont parallèles, deux d'entre elles au moins, F et F' par exemple, agissent dans le même sens; elles admettent une résultante R égale à leur somme; pour que l'équilibre subsiste, il faut que la troisième force F" soit égale et directement opposée à la résultante R des deux premières.

Si ces trois forces ne sont pas parallèles, deux d'entre elles au moins, F et F', se rencontrent en un point O; on peut les transporter toutes les deux en ce point et les remplacer par leur résultante R. Pour que l'équilibre subsiste, il faut que la troisième force F" soit égale et directement opposée à la résultante R; la direction de la force F" passera donc aussi par le point O.

Donc, *pour que trois forces appliquées à un corps solide libre se fassent équilibre, il faut qu'elles soient dans un même plan, et que l'une quelconque d'entre elles soit égale et directement opposée à la résultante des deux autres.*

Cas où deux forces n'admettent pas de résultante unique

71. — Il résulte de là que *si deux forces F et F' (fig. 65), appliquées à un corps solide, ne sont pas situées dans un même plan, elles n'admettent pas de* ***résultante unique.***

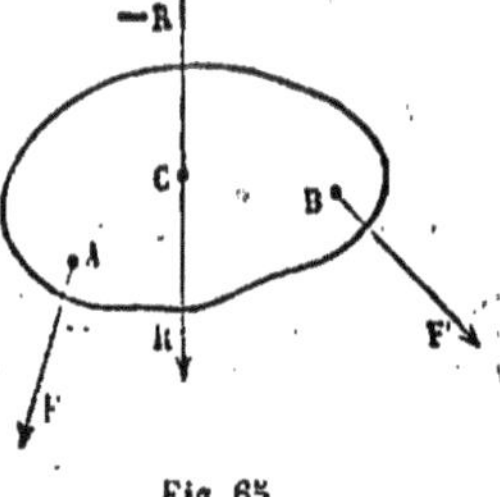

Fig. 65.

En effet, supposons qu'elles aient une résultante unique R appliquée au point C. Appliquons en ce point C une force — R égale et de sens contraire. La force — R fait équilibre à la force R et, par suite, aux deux forces proposées F et F'. Les trois forces — R, F et F', se faisant équilibre sur un corps solide libre, seraient situées dans un même plan, ce qui est impossible, puisque les deux forces F et F′ ne sont pas dans un même plan.

72. — Nous pouvons montrer maintenant que deux forces, F et — F, égales, parallèles et de sens contraires (fig. 66), mais non directement opposées, n'ont pas de résultante unique. Si ces deux forces admettent une résultante R, une force — R, égale et directement opposée à la résultante R, fera équilibre aux deux forces proposées F et — F. Les trois forces F, — F et — R, se faisant équilibre, sont situées dans un même plan ; par suite, la résultante R des forces — F et F est située dans le plan de ces deux forces.

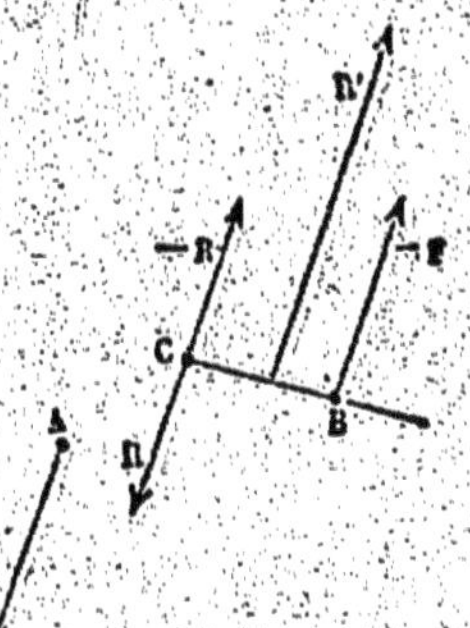

Fig. 66.

Supposons d'abord que cette résultante R soit parallèle aux deux forces proposées, et appliquée en un point C ; une force — R, égale et de sens contraire, fera équilibre aux deux forces F et — F. Mais les deux forces parallèles et de même sens — R et — F admettent une résultante unique R′, égale à leur somme — (R + F) ; cette résultante, composée avec la force F, différente et parallèle, donnera une résultante — R qui n'est pas nulle ; il n'y a donc pas équilibre.

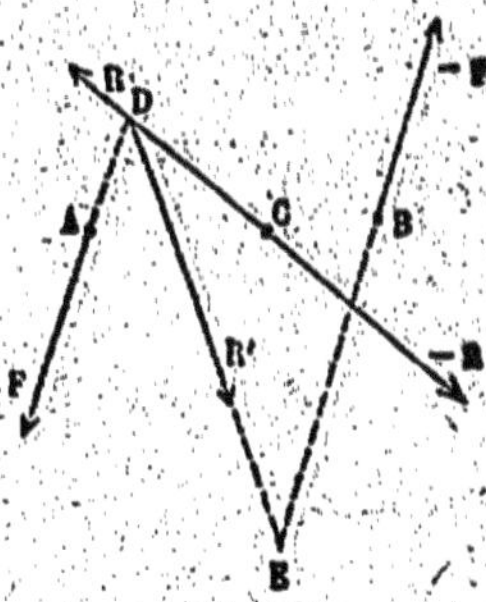

En second lieu, si la résultante R (fig. 67) n'est pas parallèle aux forces proposées, la force — R égale et contraire leur fait encore équilibre. Les deux forces — R et F, n'étant pas parallèles, se rencontrent en un point D ; elles admettent une résultante R′ qui n'est pas parallèle à la force F et, par suite, rencontre la force — F en un point E. Ces deux forces R′ et — F ont encore une résultante qui n'est pas nulle, l'équilibre ne peut donc pas avoir lieu.

Fig. 67.

Les deux forces F et — F forment un *couple ;* il en résulte qu'*un couple ne peut pas être remplacé par une force unique.*

Réduction d'un nombre quelconque de forces à deux

73. — Nous allons montrer d'abord qu'*un système quelconque de forces* F, F', F''... (fig. 68), *appliquées en différents points* M, M', M''... *d'un corps solide, peut être remplacé par trois forces appliquées en trois points arbitrairement choisis.*

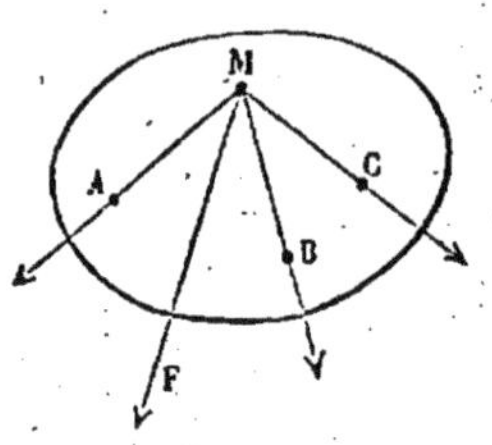

Fig. 68.

Prenons à volonté, dans le corps solide, trois points A, B, C non en ligne droite; considérons d'abord une force F non située dans le plan ABC, et appliquée en un point M en dehors de ce plan. Joignons le point M aux trois points A, B, C; nous pouvons décomposer la force F en trois autres dirigées suivant les trois droites MA, MB, MC; il suffit pour cela de construire le parallélipipède qui a pour diagonale la force F et dont les arêtes sont dirigées suivant ces trois droites. Nous pouvons ensuite appliquer l'une des composantes au point A, la seconde au point B, et la troisième au point C.

Si la force F, n'étant pas située dans le plan ABC, est appliquée en un point de ce plan, il suffit de la transporter en un point quelconque de sa direction, en dehors du plan ABC, et la même décomposition sera possible.

Enfin, si la force F est située dans le plan ABC, il y a une infinité de manières de la remplacer par trois autres appliquées aux trois points A, B et C. On pourra, par exemple, la décomposer en deux forces appliquées à deux des points A et B, et considérer la troisième composante comme nulle.

On décomposera de même chacune des autres forces F', F''... en trois autres appliquées aux trois points A, B et C. Toutes les forces appliquées au point A admettent une résultante unique R; on a, de même, une résultante R' au point B, et une résultante R'' au point C. On a donc remplacé toutes les forces par trois autres R, R' et R'' (fig. 69), appliquées en trois points A, B et C choisis arbitrairement dans l'intérieur du corps solide.

74. — Nous pouvons encore réduire ces trois forces à deux seulement. Menons un plan par la force R′ et le point A, un second plan par la force R″ et le point A ; ces deux plans se coupent suivant une droite AD. Choisissons sur cette droite un

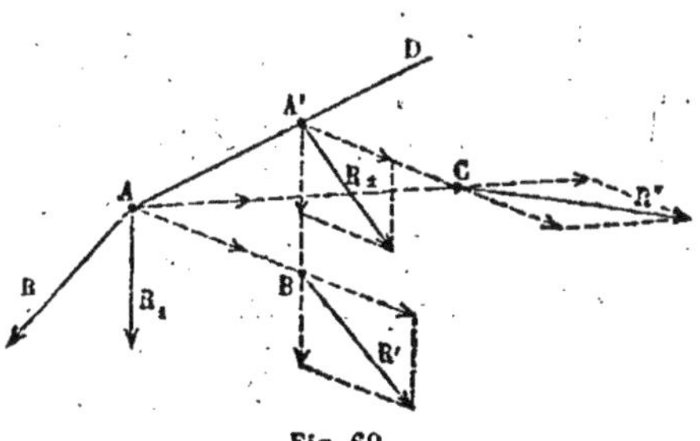

Fig. 69.

point quelconque A′. La force R′, étant située dans le premier plan, peut être décomposée en deux autres dirigées suivant les droites AB et A′B, et nous pouvons appliquer ces deux composantes aux deux points A et A′. De même, la force R″, située dans le second plan, peut être aussi décomposée en deux autres appliquées aux deux mêmes points A et A′. Si les deux forces R′ et R″ étaient dans un même plan passant par le point A, on prendrait dans ce plan un point quelconque A′ et l'on ferait la décomposition des deux forces R′ et R″ de la même manière.

Finalement, il reste trois forces appliquées en A, que nous remplacerons par leur résultante R_1, et deux forces appliquées en A′, que nous remplacerons également par leur résultante R_2. *Le système des forces proposées est donc ramené aux deux forces* R_1 *et* R_2.

75. — On peut ainsi ramener un système quelconque de forces à deux autres d'une infinité de manières différentes.

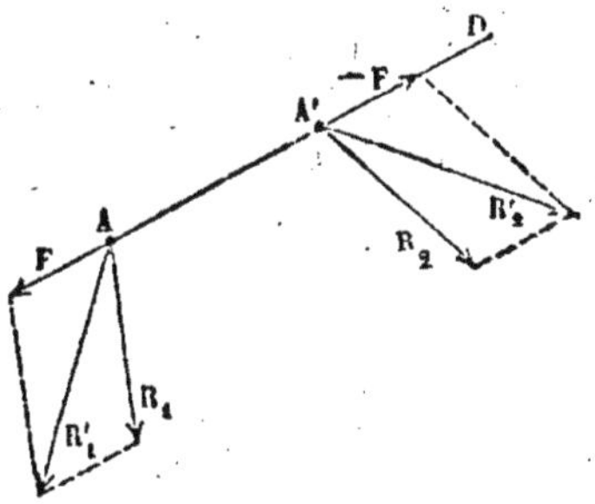

Fig. 70.

Conservons, par exemple, les deux points d'application A et A′ (fig. 70) ; nous pouvons appliquer aux deux extrémités de la droite AA′ deux forces quelconques, F et — F, égales et opposées.

Les deux forces R_1 et F, appliquées au point A, ont une résultante R'_1, les deux forces R_2 et —F ont une résultante R'_2. Les deux forces R_1 et R_2 peuvent donc être remplacées par les deux forces R'_1 et R'_2 appliquées aux mêmes points A et A'. Le point A a été choisi arbitrairement dans l'intérieur du corps solide, ou bien il est supposé lié au corps solide d'une manière invariable; ce point A une fois choisi, le point A' a été pris arbitrairement sur la droite AD. Remarquons en outre que la force R'_2 est toujours dans le plan qui passe par le point A et la force R_2; comme on peut lui donner dans ce plan une direction quelconque, en choisissant convenablement la force —F, et transporter ensuite cette force R'_2 en un point quelconque de sa direction, on voit qu'on pourra l'appliquer en un point quelconque du plan $AA'R_2$.

Donc, en général, *un système quelconque de forces appliquées à un corps solide libre peut être remplacé par deux résultantes, l'une appliquée en un point quelconque, l'autre située dans un plan déterminé passant par ce point, et appliquée en un point quelconque de ce plan.*

76. — Ces deux résultantes R_1 et R_2, auxquelles on ramène le système des forces proposées, ne sont pas en général dans un même plan, elles n'admettent pas alors de résultante unique. Par suite, le système des forces proposées ne peut pas être remplacé par une force unique.

Quand les deux résultantes R_1 et R_2 sont situées dans un même plan, il peut se présenter plusieurs cas. Si ces deux forces ne sont pas parallèles, leurs directions se rencontrent en un point; elles admettent une résultante unique passant par ce point. Si les deux résultantes R_1 et R_2 sont parallèles, sans être égales et de sens contraires, elles admettent encore une résultante unique.

Si elles sont parallèles, égales et de sens contraires, sans être directement opposées, elles forment un couple et, par conséquent, n'ont pas de résultante unique.

Enfin, si elles sont égales et directement opposées, elles ont une résultante nulle. Par suite, le système des forces proposées se fait équilibre.

Conditions d'équilibre d'un corps solide

77. — Nous pouvons maintenant établir les conditions d'équilibre d'un corps solide soumis à un système quelconque de forces.

Si le corps solide est *libre*, nous ramènerons toutes les forces à deux autres ; pour que l'équilibre existe, il faut que ces deux résultantes soient égales et opposées.

Donc, *pour qu'un système quelconque de forces appliquées à un corps solide libre soit en équilibre, il faut que les deux résultantes auxquelles on ramène le système soient égales et directement opposées.*

Si le corps solide a *un point fixe* A (fig. 71) autour duquel il puisse tourner, nous choisirons ce point pour point d'application d'une des résultantes R_1. Cette résultante R_1 sera détruite par la résistance du point fixe, et le corps restera soumis à la force R_2 appliquée en un autre point B. Pour que l'équilibre existe, nous savons que cette force R_2 doit passer par le point A (68). Les deux forces R_1 et R_2, étant appliquées au point A, ont une résultante Q appliquée aussi en ce point.

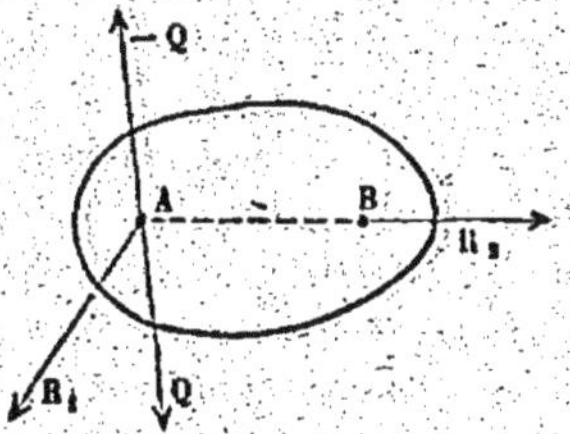

Fig. 71.

Donc, *pour qu'un système de forces, appliquées à un corps solide qui a un point fixe, soit en équilibre, il faut que les forces proposées admettent une résultante unique passant par le point fixe.*

La résultante unique Q mesure la *pression* que supporte le point fixe. On peut rendre le corps solide libre à condition d'appliquer au point A une force — Q égale et contraire à la résultante Q des forces proposées, et l'équilibre ne cessera pas d'exister. Cette force — Q est la *réaction* du point fixe.

78. — Si le corps solide a *un axe fixe*, on peut prendre un point de l'axe pour point d'application de l'une des résultantes R_1. Cette résultante sera détruite par la résistance de l'axe, et, pour que l'équilibre existe, il faut que la résultante R_2 soit dans un même plan avec l'axe.

Donc, *pour qu'un système de forces, appliquées à un corps solide qui a un axe fixe, soit en équilibre, il faut que ces forces puissent se réduire à deux résultantes, l'une appliquée en un point de l'axe fixe, l'autre située dans un même plan avec cet axe.*

79. — Quand un corps solide a *deux points fixes*, A et A' (fig. 72), il se comporte comme s'il avait un axe fixe AA'. Dans ce cas, si les forces qui sollicitent le corps solide sont en équilibre, on peut choisir les deux points fixes A et A' pour points d'application des deux résultantes R_1 et R_2. Ces deux résultantes mesurent les pressions que supportent les deux points fixes A et A'; les deux forces $-R_1$ et $-R_2$ égales et contraires à ces deux résultantes, sont les réactions des points fixes.

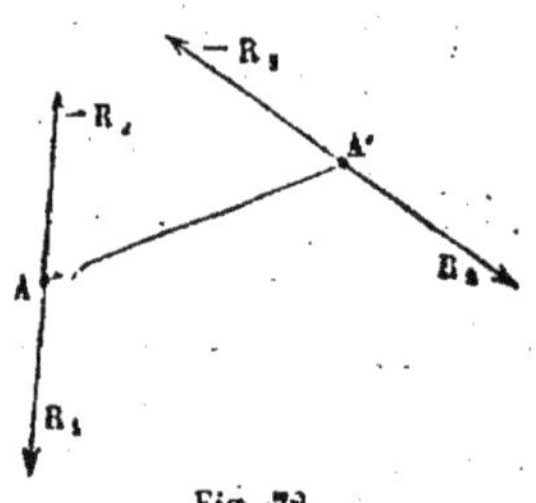

Fig. 72.

Mais on a vu (75) que, sans changer les points d'application A et A' des deux résultantes d'un système de forces, on peut changer ces deux résultantes d'une infinité de manières différentes. Il semble donc que les pressions supportées par les deux points fixes A et A' soient indéterminées. Cette indétermination tient à l'hypothèse que nous avons faite sur les corps solides. En réalité, quand un corps solide ayant deux points fixes est sollicité par des forces qui se font équilibre, les pressions supportées par les deux points fixes sont déterminées ; elles résultent de la constitution moléculaire du corps.

Équilibre d'un corps solide appuyé contre une surface

80. — Lorsque plusieurs forces agissent sur un corps solide qui est appuyé par un point sur une surface fixe et parfaitement polie, la surface, comme nous l'avons vu (25), exerce sur le corps solide une réaction appliquée au point d'appui, normale à la surface et dirigée dans un certain sens. Pour que l'équilibre existe, il faut que les forces proposées admettent une résultante unique directement opposée à la réaction normale de la surface.

Donc, *quand un corps solide, appuyé par un point sur une surface fixe, est sollicité par plusieurs forces, il faut, pour que l'équilibre existe, que ces forces admettent une résultante unique, passant par le point d'appui, normale à la surface et appuyant le corps contre la surface.*

Cette résultante est la pression supportée par le point d'appui, elle est égale et contraire à la réaction de la surface.

Si le corps est appuyé sur la surface par plusieurs points, il faut, pour l'équilibre, que les réactions normales de la surface aux différents points de contact puissent faire équilibre aux forces proposées.

81. — Considérons, par exemple, un corps solide pesant placé sur un plan horizontal.

Si le corps solide, comme un boulet sphérique, ne touche le plan horizontal qu'en un point (fig. 73), ce corps est soumis à deux forces, son poids P appliqué au centre de gravité G, et la réaction normale N du plan, appliquée au point de contact A. Pour que l'équilibre existe, il faut que ces deux forces soient égales et opposées; par conséquent, la verticale menée par le centre de gravité du corps doit passer au point de contact du corps solide et du plan. Dans ce cas, la réaction N du plan est égale au poids du corps.

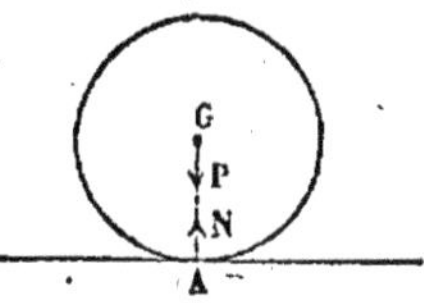

Fig. 73.

82. — Nous pouvons, à ce propos, distinguer différentes sortes d'équilibre. Si le boulet est homogène, comme nous l'avons supposé, et qu'on le fasse rouler sur le plan d'une certaine quantité de manière à changer le point d'appui, il restera en équilibre.

Le corps étant en équilibre dans toutes les positions possibles, on dit que l'équilibre est *indifférent*.

On dit que l'équilibre est *stable*, lorsque le corps, dérangé très-peu de sa position d'équilibre, tend à y revenir.

Si le corps, au contraire, une fois dérangé de sa position

d'équilibre, tend à s'en éloigner davantage, on dit que l'équilibre est *instable*.

Considérons, par exemple, une sphère hétérogène, dont le centre de gravité G (fig. 74) n'est pas situé au centre de figure O, et plaçons cette sphère sur un plan horizontal. La condition d'équilibre est que la verticale passant par le centre de gravité du corps passe aussi par le point d'appui ; le rayon qui passe par le centre de gravité doit donc être vertical.

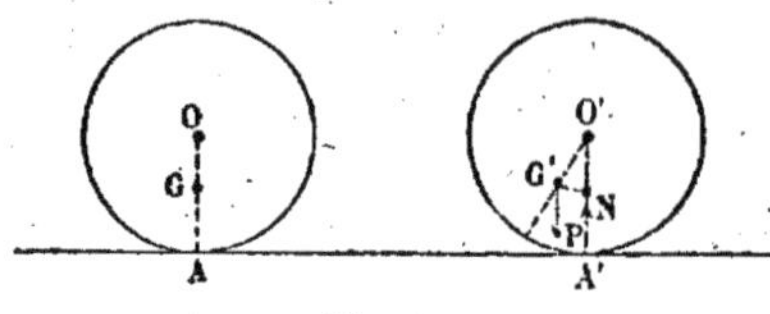

Fig. 74.

Si le centre de gravité, comme dans la figure 74, est situé au-dessous du centre de figure, et qu'on dérange un peu la sphère de sa position d'équilibre, le centre de gravité s'élèvera un peu et viendra en G'. Il est clair que le poids P de la sphère appliqué en G' et la réaction N du plan agissant en A' feront tourner la sphère pour la ramener vers sa position d'équilibre ; l'équilibre est *stable*.

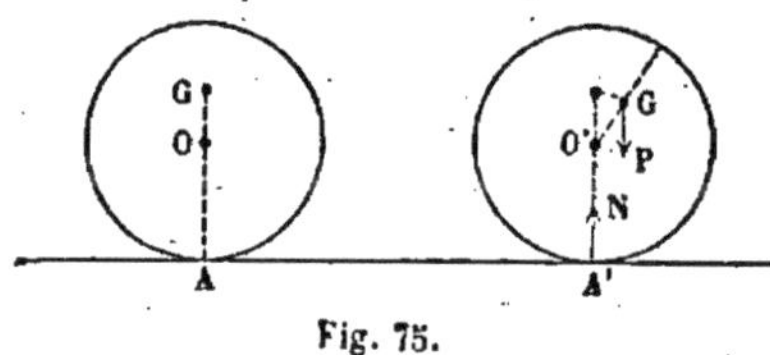

Fig. 75.

Si, au contraire, le centre de gravité G de la sphère est au-dessus du centre de figure (fig. 75) et qu'on donne à la sphère un petit déplacement, le centre de gravité, s'abaissant un peu, viendra au point G'. Le poids P de la sphère appliqué en G' et la réaction N du plan agissant en A' tendront évidemment à faire tourner la sphère pour l'écarter davantage de sa position d'équilibre. Dans ce cas, l'équilibre est *instable*.

83. — Lorsque le corps solide est appuyé par deux points A et B (fig. 76), le plan exerce sur le corps deux réactions normales N et N' appliquées aux points de contact A et B. Pour que l'équilibre existe, il faut que la résultante des deux réactions N et N' soit égale et opposée au poids du corps. Comme ces réactions sont parallèles et

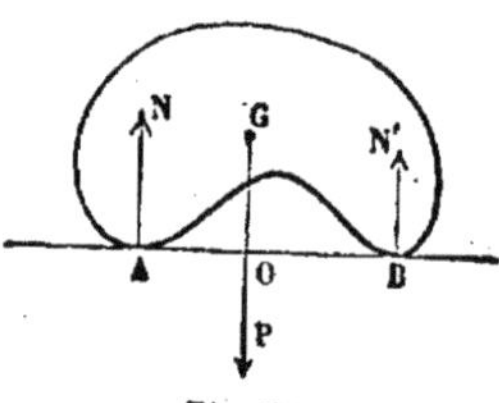

Fig. 76.

de même sens, la résultante est égale à leur somme $N+N'$ et appliquée en un point de la ligne AB. Il faut donc que la verticale menée par le centre de gravité du corps coupe le plan en un point O, situé sur la ligne qui joint les deux points de contact et entre ces deux points. On peut, connaissant le point O, calculer les pressions exercées par le corps sur le plan; il suffit de décomposer la force P en deux autres, parallèles et de même sens, appliquées aux points A et B. On a, en effet, les équations

$$\frac{N}{BO}=\frac{N'}{AO}=\frac{P}{AB},$$

qui permettent de déterminer N et N'.

84. — Si le corps solide est appuyé par trois points A, B et C (fig. 77), le plan exerce sur le corps trois réactions normales N, N', N'', appliquées aux trois points de contact; pour que l'équilibre existe, il faut que leur résultante $N+N'+N''$ soit égale et contraire au poids du corps. Les trois réactions normales étant de même sens, leur résultante est appliquée en un point de triangle ABC. Donc la verticale passant par le centre de gravité du corps doit couper le plan en un point O, situé dans l'intérieur du triangle ABC. Pour déterminer les réactions N, N', N'', on décomposera la force P appliquée en O, en trois autres appliquées aux points A, B et C. On aura alors, comme nous l'avons vu (41),

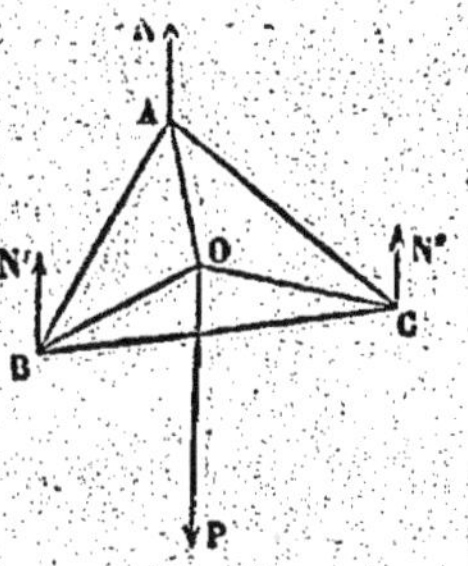

Fig. 77.

$$\frac{N}{OBC}=\frac{N'}{OAC}=\frac{N''}{OAB}=\frac{P}{ABC}.$$

85. — Si le nombre des points d'appui est plus grand que trois, on formera un polygone convexe ayant pour sommets certains points d'appui et renfermant tous les autres. Pour qu'il y ait équilibre, il faut que la verticale passant par le centre de gravité du corps coupe le plan dans l'intérieur de ce polygone; car, les réactions étant de même sens, leur résultante est appliquée en un point situé dans l'intérieur du polygone qui renferme tous les points d'appui. Pour déterminer les réactions du plan, il faudrait décomposer le poids du corps en plus de trois autres forces parallèles appliquées aux différents points d'appui ; le problème admet une infinité de solutions.

86. Considérons, par exemple, un corps appuyé par les quatre points A, B, C, D, (fig. 78), et soit O le point où la verticale menée par le centre de gravité du corps rencontre le plan. Décomposons d'abord la force P appliquée en O en deux, l'une P' appliquée à l'un des sommets A, l'autre P_1, appliquée en un point E choisi arbitrairement sur le prolongement de AO, dans l'intérieur du triangle BCD. Cette force P_1 pourra ensuite être décomposée en trois autres appliquées aux points B, C et D ; comme la position du point E est arbitraire, on voit que la décomposition peut se faire d'une infinité de manières. Il est à remarquer cependant qu'on ne peut pas donner à l'une des composantes une valeur quelconque, parce qu'elles doivent agir toutes dans le même sens. Pour que la composante P' soit de même sens que la force P, il faut que le point E soit situé sur le prolongement de AO ; et, pour que les trois composantes appliquées en B, C et D soient aussi de même sens, il faut que le point E soit dans l'intérieur du triangle BCD. On ne peut donc choisir le point E qu'entre les deux points O et F. On a d'ailleurs

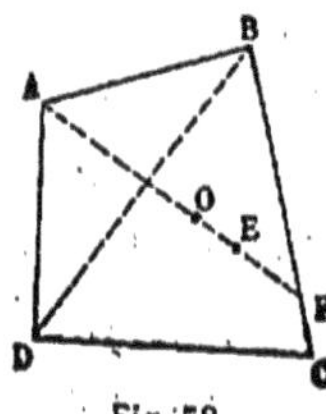

Fig. 78.

$$\frac{P'}{OE} = \frac{P}{AE}, \quad \text{d'où} \quad P' = P.\frac{OE}{AE}.$$

La composante P' est nécessairement comprise entre zéro et $P.\frac{OF}{AF}$. On trouverait de même que les autres composantes sont comprises entre certaines limites.

Malgré cette restriction, le problème est encore indéterminé ; il est évident d'ailleurs que, dans la nature, quand un corps repose sur un plan par quatre points, la pression en chaque point a une valeur bien définie. Cette contradiction tient encore à l'hypothèse des corps parfaitement solides. En réalité, il y a une déformation du corps et du plan aux points de contact, et la pression en chaque point dépend de la constitution moléculaire des corps.

EXERCICES

1. Remplacer une force par deux forces égales entre elles appliquées en deux points situés dans un même plan avec la force proposée. — Cas où le problème est impossible.

2. Démontrer qu'une force quelconque peut être remplacée par une autre, appliquée en un point choisi arbitrairement, et un couple.

3. Démontrer qu'un système de forces quelconques appliquées à un corps solide peut être remplacé par une force unique et un couple.

4. Démontrer que l'on peut transporter un couple parallèlement à lui-même dans une position quelconque.

5. Démontrer que l'on peut remplacer un couple par un autre couple quelconque de même moment (page 44, exercice 2) et situé dans un plan parallèle au plan du couple proposé.

6. Deux couples peuvent être remplacés par un couple unique.

7. Une droite pesante AB est appuyée sur ses deux extrémités. En quel point de cette droite faut-il appliquer une force verticale égale à son poids pour que les pressions sur les deux points d'appui soient dans le rapport de 1 à 2 ?

8. Un cercle pesant situé dans un plan vertical est appuyé sur deux droites qui se coupent. Déterminer les pressions sur les points de contact

CHAPITRE VI

DES MACHINES

87. — Les diverses machines employées dans l'industrie ont pour but en général de vaincre certaines résistances, comme d'élever des fardeaux, de comprimer ou de broyer les corps, de couper ou de percer les bois, les métaux, etc. Dans le premier cas, la résistance à vaincre est la pesanteur; dans les autres, c'est la cohésion moléculaire.

Les forces dont on dispose n'ont pas en général la direction et l'intensité nécessaires pour qu'on puisse les appliquer directement aux résistances que l'on veut vaincre. On applique alors ces forces à des corps intermédiaires dont le mouvement est gêné, qui ne peuvent, par exemple, se déplacer qu'autour d'un point fixe, ou d'une droite fixe, lesquels agissent à leur tour sur les résistances à vaincre. C'est ainsi qu'à l'aide des roues hydrauliques on emploie la chute d'un cours d'eau à broyer le blé, et qu'à l'aide des locomotives on utilise la tension de la vapeur d'eau pour traîner les wagons; ces corps dont le mouvement est gêné sont des *machines*. En les considérant de ce point de vue, on définit ordinairement les machines : *des instruments destinés à transmettre l'action des forces.*

Au lieu de considérer une machine en mouvement, on peut envisager d'abord le cas plus simple où elle reste en repos sous l'action des forces qui lui sont appliquées et des résistances qu'elle doit vaincre. Alors les forces appliquées et les résistances peuvent être remplacées par des résultantes qui sont incapables de produire le mouvement de la machine. Nous considérerons d'abord les machines ainsi en équilibre, et nous n'examinerons que les plus simples.

Plan incliné

88. — Le *plan incliné* est destiné surtout à l'élévation des fardeaux. Considérons un corps solide M (fig. 79) placé sur un plan incliné AB parfaitement poli, et désignons par α l'angle de ce plan avec le plan horizontal. Ce corps est soumis à son poids P appliqué au centre de gravité G; supposons en outre qu'il est soumis à une autre force F, et cherchons à quelles conditions doit satisfaire la force F pour que le corps reste au repos.

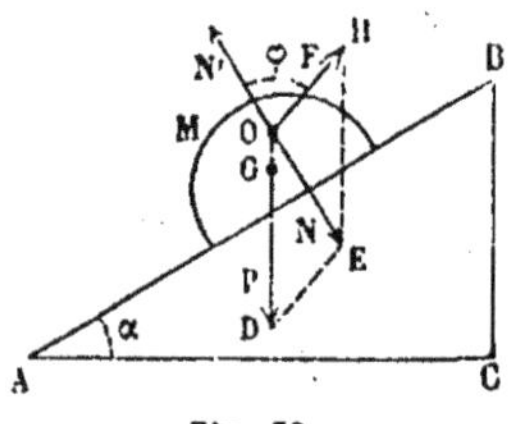

Fig. 79.

Pour que l'équilibre existe, il faut, comme nous l'avons vu (80), que les deux forces F et P admettent une résultante unique, normale au plan, et pressant le corps contre le plan. Ces deux forces doivent donc se rencontrer en un point O; nous pouvons les appliquer toutes les deux en ce point. En second lieu, la force F doit être située dans le plan qui passe par la verticale OD et par la droite OE normale au plan ; c'est le plan vertical mené par le centre de gravité G du corps, et la ligne de plus grande pente AB du plan incliné : nous l'avons pris pour plan de figure.

Soit OD le poids du corps ; menons par le point D une droite DE parallèle à la direction OH de la force F, jusqu'à la rencontre de la normale OE ; menons de même EH parallèle à OD. OH représentera l'intensité de la force qu'il faut appliquer dans cette direction pour que l'équilibre existe. La résultante OE ou N est la force avec laquelle le corps est pressé contre le plan ; elle est égale et opposée à la réaction normale du plan N'.

80. — On peut se proposer de calculer la force F et la pression N que supporte le plan, quand on se donne l'angle φ que fait la force avec la normale au plan, menée vers la partie supérieure.

Le triangle OHE donne

$$\frac{OH}{HE} = \frac{F}{P} = \frac{\sin OEH}{\sin HOE} = \frac{\sin \alpha}{\sin \varphi},$$

$$\frac{OE}{EH} = \frac{N}{P} = \frac{\sin OHE}{\sin HOE} = \frac{\sin(\varphi - \alpha)}{\sin \varphi}.$$

On en déduit

$$F = P\frac{\sin \alpha}{\sin \varphi}, \quad N = P\frac{\sin(\varphi - \alpha)}{\sin \varphi}.$$

On voit d'abord que l'angle φ ne peut pas être plus petit que α, car alors la force N serait négative, la résultante des deux forces P et F ne serait pas dirigée vers le plan, et l'équilibre serait impossible.

Lorsque $\varphi = \alpha$, la force F est verticale et égale au poids du corps ; la pression sur le plan est nulle, ce qui était évident *à priori*.

Quand on fait varier l'angle φ de α à $\frac{\pi}{2}$, la force F diminue, et, si l'on a $\varphi = \frac{\pi}{2}$, il en résulte

$$F = P \sin \alpha, \quad N = P \frac{\sin\left(\frac{\pi}{2} - \alpha\right)}{\sin \frac{\pi}{2}} = P \cos \alpha.$$

La force F est alors minimum. On voit que, pour maintenir un corps sur un plan incliné avec la plus petite force possible, il faut que la force soit parallèle au plan incliné; cette force est égale à $P \sin \alpha$, elle est donc d'autant plus grande que l'angle α est plus grand.

On a aussi

$$BC = AB \sin \alpha,$$

ce qui donne la relation

$$\frac{F}{P} = \frac{BC}{AB}.$$

Les longueurs BC et AB s'appellent la hauteur et la longueur du plan incliné. On voit donc que, dans ce cas, *la force F est au poids du corps comme la hauteur du plan incliné est à sa longueur.*

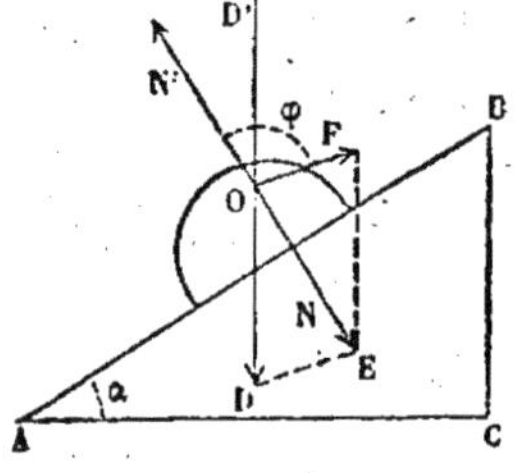

Fig. 80.

90. — Si l'angle φ (fig. 80) est plus grand que $\frac{\pi}{2}$, la force F est dirigée vers le plan.

Quand l'angle φ est égal à $\frac{\pi}{2} + \alpha$, la force F est horizontale, et l'on a

$$F = P \frac{\sin \alpha}{\sin\left(\frac{\pi}{2} + \alpha\right)} = P \operatorname{tang} \alpha.$$

On a aussi

$$BC = AC \,.\, \operatorname{tang} \alpha.$$

d'où l'on déduit

$$\frac{F}{P}=\frac{BC}{AC}.$$

En appelant *base* du plan incliné la longueur AC, on voit que *la force* F *est au poids du corps comme la hauteur du plan incliné est à sa base.*

Quand l'angle φ est compris entre α et $\pi-\alpha$, $\sin\varphi$ est plus grand que $\sin\alpha$, et la force F est plus petite que le poids du corps.

Quand l'angle φ est compris entre $\pi-\alpha$ et π, la force F est plus grande que le poids P ; cette force tend vers l'infini à mesure que l'angle φ se rapproche indéfiniment de π, c'est-à-dire que la force se rapproche de la normale au plan.

Enfin, l'équilibre est impossible si $\varphi>\pi$. L'équilibre ne peut donc avoir lieu que si la force est dirigée dans l'angle D'OE.

Levier

91. — On appelle *levier* en général un corps solide assujetti à se mouvoir autour d'un point fixe. Pour que plusieurs forces appliquées à un levier se fassent équilibre, il faut qu'elles admettent une résultante unique passant par le point fixe (77). Ce point fixe s'appelle généralement *point d'appui*. La résultante des forces qui sont appliquées au levier est la pression supportée par le point d'appui; elle est égale et opposée à la réaction de ce point.

92. — Considérons seulement le cas où le levier est soumis à deux forces P et Q (fig. 81), appliquées aux deux points A et B. Pour que ces deux forces aient une résultante unique passant par le point fixe O, il faut d'abord qu'elles soient situées dans un même plan, et qu'en outre ce plan passe par le point fixe O; nous le prendrons pour plan de figure.

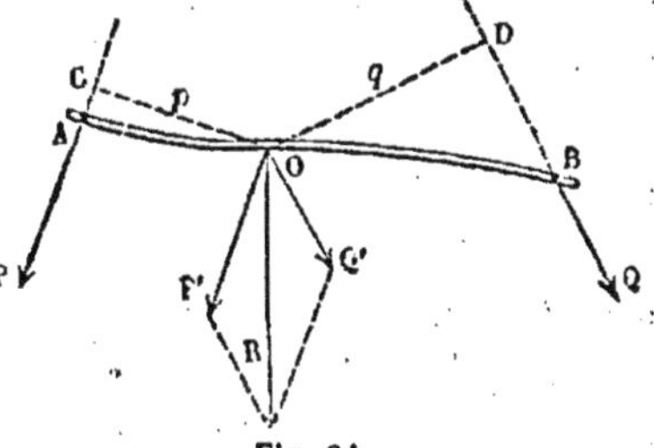

Fig. 81.

Abaissons du point O des perpendiculaires OC et OD sur les directions des forces P et Q, et désignons ces perpendiculaires par p et q; les valeurs absolues des moments des forces P et Q par rapport au point O sont Pp et Qq, et ces moments sont de signes contraires. Puisque la résultante doit passer par le point O, son moment par rapport à ce point est nul; par suite (27), les composantes P et Q ont des moments égaux, et elles tendent à faire tourner le corps en sens contraires. On a donc

$$Pp = Qq.$$

Réciproquement, si cette condition est remplie, le moment de la résultante est nul; par suite, cette résultante est nulle ou elle passe par le point O : il y a donc équilibre.

Ainsi, *pour que deux forces se fassent équilibre sur un levier, il faut : 1° que ces deux forces soient dans un même plan avec le point d'appui; 2° que leurs moments par rapport au point d'appui soient égaux et de signes contraires.*

Les perpendiculaires p et q abaissées du point d'appui sur la direction des forces s'appellent les *bras* du levier. De l'équation précédente on tire

$$\frac{P}{Q} = \frac{q}{p}.$$

Donc *les deux forces sont entre elles en raison inverse de leurs bras de levier.*

93. — On peut se proposer de déterminer la pression qui s'exerce sur le point d'appui. Pour cela il faut construire la résultante R des deux forces P et Q et transporter son point d'application au point O. On remarque alors que si l'on veut décomposer cette résultante R en deux forces parallèles aux forces proposées P et Q, les composantes P′ et Q′ seront précisément égales à P et à Q.

Donc, *la pression que supporte le point d'appui est la même que si les forces* P *et* Q *étaient transportées en ce point parallèlement à elles-mêmes.*

94. — Si les forces P et Q (fig. 82) sont parallèles et de même sens, on peut mener par le point d'appui une droite DE perpendiculaire commune sur leurs directions, et les forces P et Q seront entre elles en raison inverse des segments OE et OD

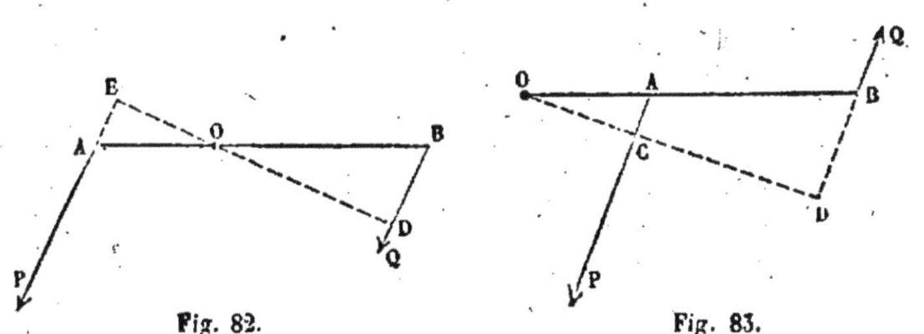

Fig. 82. Fig. 83.

de cette droite. La pression supportée par le point O est égale à la somme P + Q des forces proposées. Quand le levier est rectiligne, les longueurs OE et OD sont proportionnelles à OA et OB, les forces P et Q sont donc en raison inverse des distances OA et OB de leurs points d'application au point d'appui.

Si les forces P et Q (fig. 83) sont parallèles et de sens contraires, la charge du point fixe est égale à la différence P — Q. Les deux forces P et Q sont encore en raison inverse des bras de levier OC et OD, ou des distances OA et OB, quand le levier est rectiligne.

95. — Dans la pratique, l'une des forces, P par exemple, est un effort que l'on exerce sur le levier : on l'appelle la *puissance;* l'autre force Q est la *résistance* à vaincre. On distingue ordinairement trois espèces de levier, suivant la place qu'occupe le point d'appui relativement à ces deux forces.

Dans le levier de première espèce (fig. 82), le point d'appui est situé entre la puissance et la résistance. La puissance P est d'autant plus faible que son bras de levier est plus grand.

Dans le levier de seconde espèce (fig. 84), la résistance Q est plus près du point fixe que la puissance.

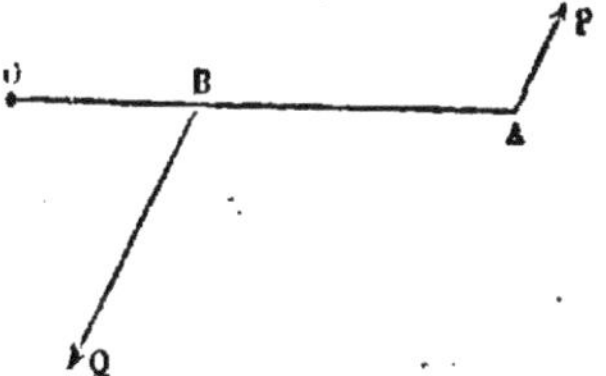

Fig. 84.

Alors la puissance est toujours plus petite que la résistance.

Dans le levier de troisième espèce, la puissance est située plus près du point d'appui, et elle est toujours plus grande que la résistance.

Jusqu'ici nous avons fait abstraction du poids du levier. Si l'on veut y avoir égard, il faudra considérer ce poids comme une force verticale appliquée au centre de gravité du levier et la combiner avec les autres forces appliquées au levier ; nous en verrons bientôt des exemples. Si l'on veut que le poids du levier n'entre pour rien dans l'équilibre des forces, il faudra le placer de telle sorte que la verticale menée par le centre de gravité passe par le point d'appui. Si le centre de gravité du levier coïncide avec le point d'appui, le poids du levier sera toujours détruit par ce point fixe ; on n'aura donc pas à faire intervenir ce poids dans les conditions d'équilibre.

Balance

96. — La *balance* ordinaire (fig. 85) est un levier de première espèce. Le levier AB, qu'on appelle le *fléau* de la balance,

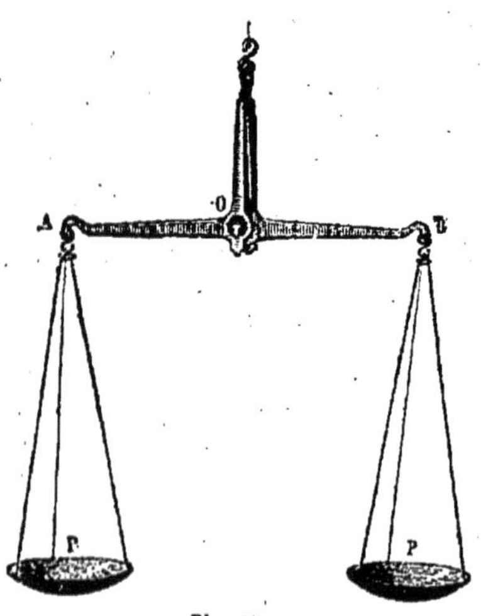

Fig. 85.

peut tourner autour de son milieu O ; aux deux extrémités A et B du fléau sont suspendus, à l'aide de cordes et de crochets, deux

plateaux, dans l'un desquels on place le corps que l'on veut peser et, dans l'autre, des poids marqués.

Pour qu'une balance soit bonne, il faut qu'elle satisfasse aux conditions suivantes :

1° Les deux bras de levier OA, OB doivent être égaux;

2° Les points de suspension A et B des plateaux doivent être en ligne droite avec le point d'appui O;

3° Le centre de gravité du fléau doit être au-dessous du point d'appui O, à une très-petite distance, et sur une perpendiculaire à la droite AB;

4° Le fléau doit être aussi long et aussi léger que possible, sans cesser d'être rigide.

Voici comment on réalise ces conditions dans la pratique. Le fléau (fig. 86) est formé par un losange métallique que l'on évide

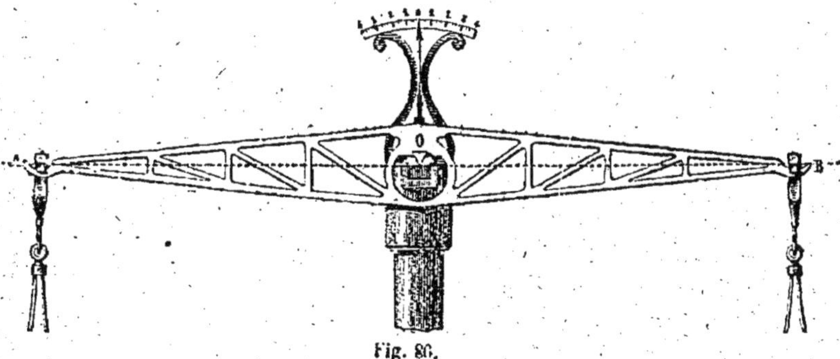

Fig. 86.

à l'intérieur en y conservant des supports transverses, afin d'en diminuer le poids sans qu'il cesse d'être rigide.

Un prisme triangulaire en acier, appelé *couteau*, est implanté en O dans le fléau, perpendiculairement à son plan, et repose par son arête inférieure sur un plan d'acier poli ou d'agate ; cette arête du prisme est l'axe de rotation du fléau. Aux deux extrémités A et B sont implantés de même dans le fléau deux prismes d'acier disposés en sens inverse du premier. Les plateaux sont suspendus à des étriers qui reposent par des plans d'acier ou d'agate sur l'arête supérieure des prismes extrêmes. Les deux arêtes de suspension et l'arête de rotation sont dans un même plan et parallèles. Le fléau porte, en outre, une aiguille dont l'extrémité se meut en face d'un arc de cercle divisé; cette aiguille fait connaître l'inclinaison du fléau : elle s'arrête au zéro si le fléau est horizontal.

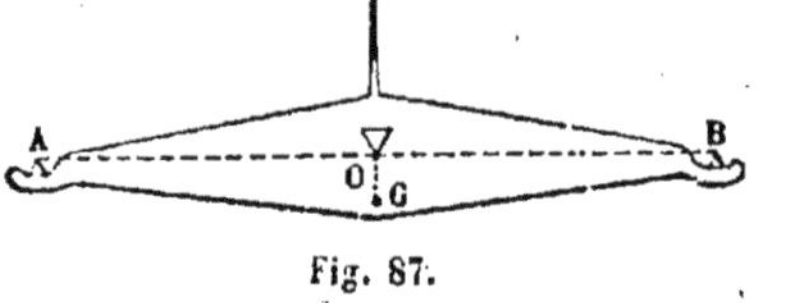

Fig. 87.

Enfin le centre de gravité du solide formé par le fléau et les couteaux qu'il porte est situé en G (fig. 87), un peu au-dessous du point O et sur une perpendiculaire à AB.

Nous admettrons que les points d'application des poids des plateaux sur les couteaux extrêmes A et B sont dans le plan de symétrie du fléau.

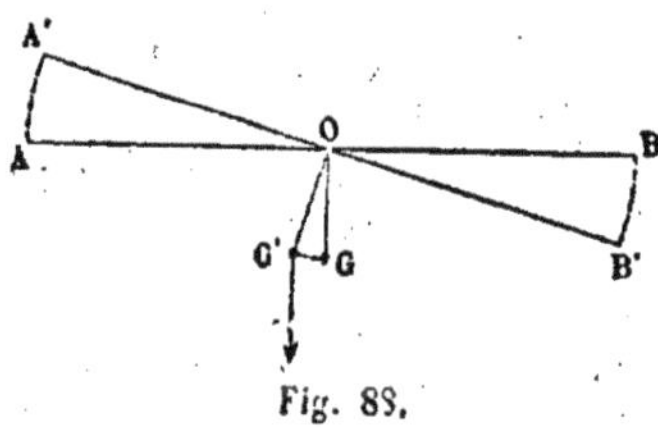

Fig. 88.

97. — Supposons d'abord que le fléau soit horizontal (fig. 88) et que les deux plateaux, en y comprenant les cordes, les étriers et les corps qu'ils renferment, aient le même poids P.

Ces deux forces peuvent être considérées comme appliquées en A et en B; leur résultante 2P, appliquée au point O, milieu de AB, sera détruite par le point fixe. Le poids π du fléau, appliqué au point G, peut être transporté au point O, puisque la droite OG est verticale, et sera aussi détruit : il y a donc équilibre.

De plus, l'équilibre est *stable*, car si on incline le fléau en A'B', la résultante des deux forces égales appliquées en O est toujours détruite. Le centre de gravité du fléau a décrit un arc de cercle autour du point O et est venu en G'; le poids du fléau, appliqué en ce point G', tend à faire tourner le fléau en sens contraire pour le ramener à l'horizontalité.

98. — Supposons maintenant les poids des plateaux inégaux: soient P le poids du plateau attaché en A, et $P+p$ le poids du plateau attaché en B (fig. 89). Le fléau n'est plus en équilibre, il s'incline en A'B' du côté du poids le plus fort. Les deux forces P appliquées en A et B ont une résultante appliquée au point O. Cette résultante est détruite. Il reste donc à considérer la force p appliquée en B' et le poids π du fléau appliqué en G'; ces deux forces tendent à faire tourner le fléau dans des sens différents; leurs moments par rapport au point O sont de signes contraires.

Appelons $2l$ la longueur du fléau AB, d la distance OG et α l'angle d'inclinaison BOB'. La perpendiculaire OC abaissée du point O sur la direction de la force p est égale à $l\cos\alpha$, et diminue à mesure que l'angle α augmente. La perpendiculaire OD abaissée sur la direction de la force π a pour valeur $d\sin\alpha$ et augmente avec l'angle α. A mesure que l'angle α augmente de 0 à 90°, le moment de la force p diminue jusqu'à zéro, tandis que le moment de la force π augmente en valeur absolue à partir de zéro. Il y a donc une position pour laquelle ces deux moments seront égaux; dans ce cas, on aura, comme condition d'équilibre (92),

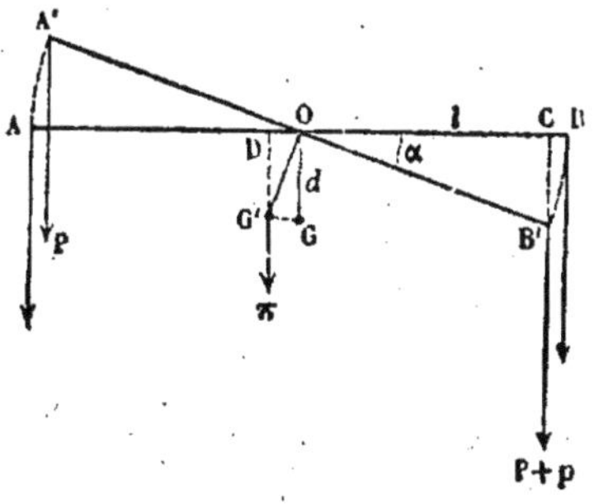

Fig. 89.

$$p \times OC = \pi \times OD,$$

ou

$$pl\cos\alpha = \pi d \sin\alpha;$$

d'où l'on tire

$$\tang\alpha = \frac{pl}{\pi d}.$$

Cette formule montre que l'inclinaison du fléau est d'autant plus grande que l'excès de poids p de l'un des plateaux est plus considérable.

Cette position d'équilibre est *stable;* car, si l'on fait tourner le fléau, les moments des forces π et p ne sont plus égaux en valeurs absolues; le moment de la résultante est égal à la différence de ces deux moments et la résultante agit dans le sens de celle des deux forces qui a le plus grand moment; elle tend à ramener le fléau dans la position pour laquelle il y a équilibre.

On dit qu'une balance est *sensible* quand elle s'incline d'un angle appréciable pour un excès de poids p très-faible. On voit, par la même formule, que la sensibilité de la balance est d'autant plus grande que la longueur $2l$ du fléau est plus grande, le poids π plus faible et la distance d plus petite. Nous avons dit comment on réalise ces conditions autant que possible.

Si le centre de gravité du fléau était au-dessus du point d'appui, il pourrait y avoir équilibre, le fléau étant horizontal et les poids des plateaux étant égaux, mais cet équilibre serait *instable*. En outre, le moindre excès de poids ferait basculer le fléau de 180°, s'il n'y avait pas d'obstacle, car les deux poids π et p tendraient à le faire tourner dans le même sens. Dans ce cas, on dit que la balance est *folle*; elle ne peut évidemment pas servir.

Si le centre de gravité du fléau coïncide avec le point O, des poids égaux appliqués aux extrémités A et B (fig. 90) se font équilibre, quelle que soit l'inclinaison du fléau. On dit dans ce cas que la balance est *indifférente*. Mais, si l'un des poids est un peu supérieur à l'autre, le fléau s'incline de plus en plus jusqu'à devenir vertical, s'il ne rencontre pas d'obstacle, et il est très-difficile d'établir pratiquement l'égalité des deux poids.

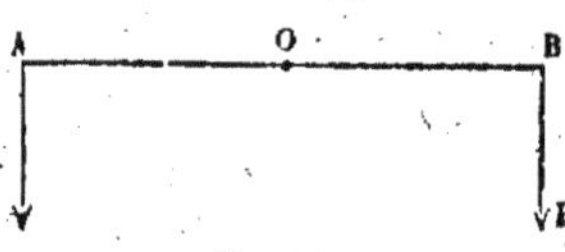

Fig. 90.

99. — Quand les trois points A, O, B sont en ligne droite, comme nous l'avons supposé, l'inclinaison α est indépendante du poids P des plateaux; on dit alors que la sensibilité de la balance

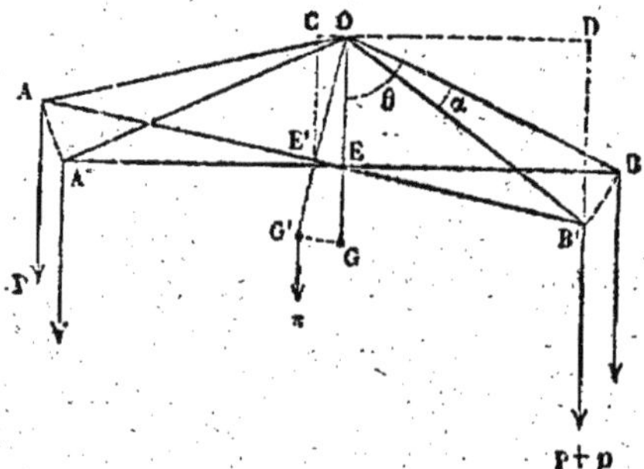

Fig. 91.

est indépendante de la *charge*; il n'en est plus de même quand ces trois points ne sont pas en ligne droite.

Supposons que les droites OA et OB (fig. 91) fassent un angle égal à 2θ, plus petit que 180°, vers la partie inférieure, et que le centre de gravité du fléau soit situé en G, au-dessous du point O, sur la bissectrice de l'angle 2θ. Soient P et $P+p$ les poids des plateaux attachés en A et B. Le fléau tourne de l'angle α, et vient en A'OB'; pour que l'équilibre ait lieu, il faut que la somme des moments de toutes les forces par rapport au point O soit nulle, puisque la résultante doit passer par ce point.

Posons encore $OA = OB = l$, $OG = d$. Les deux forces P ont une résultante égale à 2P appliquée en E' au milieu de A'B'; le moment de cette force est

$$2P \times OC = 2P \times OE' \times \sin\alpha = 2Pl\cos\theta\sin\alpha.$$

Le moment de la force π appliquée en G' est $\pi d \sin\alpha$; le moment de la force p appliquée en B' est, en valeur absolue,

$$p \times OD = pl\sin(\theta - \alpha) = pl\sin\theta\cos\alpha - pl\cos\theta\sin\alpha.$$

On a donc

$$2Pl\cos\theta\sin\alpha + \pi d\sin\alpha = pl\sin\theta\cos\alpha - pl\cos\theta\sin\alpha.$$

On en déduit

$$\tang\alpha = \frac{pl\sin\theta}{(2P+p)\,l\cos\theta + \pi d}.$$

On voit ici que l'angle α, et, par suite, la sensibilité de la balance, diminue quand la charge P augmente.

Si les points d'application des plateaux ne sont pas situés dans le plan de symétrie du fléau, comme nous l'avons admis, on peut raisonner autrement. Pour que le fléau soit en équilibre, il faut que la résultante des forces qui lui sont appliquées passe par l'axe du couteau central. Or, toutes les forces appliquées au fléau sont verticales, leur résultante doit donc être située dans le plan vertical qui passe par l'arête du couteau central; le moment de la résultante par rapport à ce plan doit être nul. On obtiendra donc la position d'équilibre en écrivant que la somme algébrique des moments des forces appliquées au fléau (45) par rapport à un plan vertical passant par l'arête du couteau central est nulle. On sera conduit ainsi à des équations toutes semblables à celles que nous avons obtenues.

Dans tous les cas, la *pression* exercée sur le point d'appui est égale à la somme des poids des plateaux et du fléau.

100. — Quand la balance est bien construite et que les plateaux vides se font équilibre, c'est que leurs poids sont égaux. Pour déterminer le poids d'un corps, il suffit alors de placer ce corps dans un des plateaux et de lui faire équilibre à l'aide de poids marqués que l'on met dans l'autre plateau. Ces poids marqués représentent le poids du corps.

Une des conditions les plus difficiles à réaliser dans la pratique est que les bras du levier OA et OB soient égaux. Dans les pesées délicates, on ne suppose jamais cette égalité rigoureuse et on y supplée par la méthode des *doubles pesées*. Pour cela, on met dans un des plateaux le corps à peser et on lui fait équilibre en plaçant une *tare* dans l'autre plateau, c'est-à-dire des corps quelconques, par exemple de la grenaille de plomb. On enlève ensuite le corps et on le remplace par des poids marqués suffisants pour rétablir l'équilibre. Ces poids marqués représentent évidemment le poids du corps, puisqu'ils produisent le même effet, en agissant à l'extrémité du même bras de levier.

Romaine

101. — La balance *romaine* est aussi un levier rectiligne de première espèce, mais dont les bras sont inégaux. A l'extrémité A (fig. 92) du bras de levier le plus court, on suspend le corps dont on veut évaluer le poids Q, en l'attachant par un crochet ou en le mettant dans un bassin. Sur l'autre bras de levier est un poids constant P, qu'on peut déplacer le long de cette règle jusqu'à ce que l'équilibre soit établi. Afin d'introduire directement dans nos calculs le poids Q du corps à peser, nous allons considérer le bassin comme faisant partie du levier de la manière suivante. Comme le poids de ce bassin agit toujours sur le point de suspension A, nous pouvons, sans changer les conditions d'équilibre, remplacer ce bassin par une masse de poids

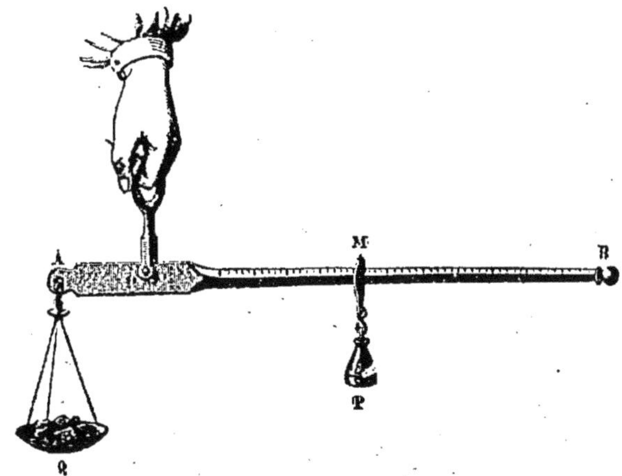

Fig. 92.

égal attachée au point A. Nous considérerons alors le centre de gravité du levier en y comprenant la masse introduite au point A, et nous n'aurons plus à tenir compte du bassin. Si le centre de gravité du levier ainsi défini coïncide avec le point d'appui, la condition d'équilibre entre les forces P et Q est la même que si elles étaient appliquées à un levier sans poids; on a alors

$$Q \times OA = P \times OM, \text{ ou } Q = OM \times \frac{P}{AO}.$$

On voit que le poids Q est proportionnel à la distance OM, à laquelle il faut placer le poids P pour établir l'équilibre, ce qui permet de graduer l'instrument.

Ordinairement, le centre de gravité du levier ne coïncide pas avec le point d'appui; en outre, on a soin de suspendre le levier et le poids Q à l'aide de prismes d'acier dont les arêtes sont situées sur le prolongement de la droite BI (fig. 93), sur laquelle s'appuie le poids mobile P. Soit π le poids du levier et du crochet, G le centre de gravité du système formé par le levier et le crochet, comme nous venons de le définir; supposons que ce point G soit

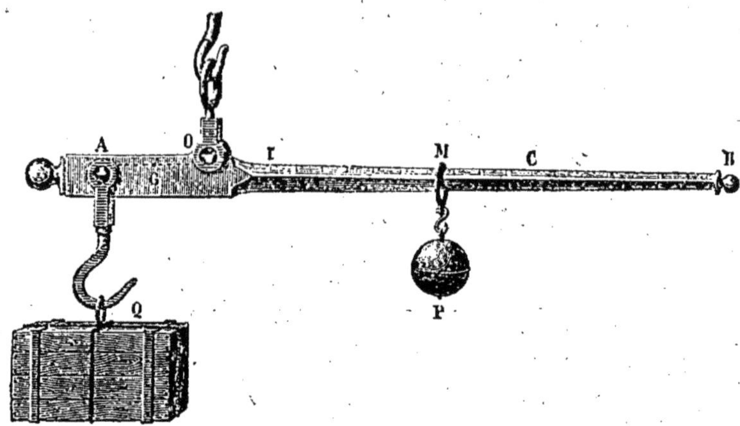

Fig. 93.

aussi sur le prolongement de la ligne BI. La condition d'équilibre entre les trois forces Q, P et π est

$$Q \times OA + \pi \times OG = P \times OM.$$

Soit I le point où il faut placer le poids P pour que l'équilibre ait lieu quand aucun poids n'est suspendu au crochet; on a alors

$$\pi \times OG = P \times OI.$$

Retranchons ces deux équations membre à membre, il vient

$$Q \times OA = P \times (OM - OI) = P \times IM;$$

d'où

$$Q = IM \times \frac{P}{OA}.$$

Le poids Q est donc proportionnel à la distance IM. Pour graduer l'instrument, on attachera au crochet un poids connu, par exemple 100 kilogrammes, et on cherchera le point C où il faut placer le point P pour qu'il y ait équilibre. On divisera la longueur IC en 100 parties égales, et on prolongera les divisions au delà du point C. Pour peser un corps, on le suspend au crochet et on détermine la division à laquelle il faut placer le poids P pour que l'équilibre ait lieu; le numéro de cette division représente le poids du corps en kilogrammes.

La balance romaine, n'exigeant qu'un seul poids et permettant d'effectuer les pesées avec une grande rapidité, est souvent préférée à la balance ordinaire, mais elle n'est pas susceptible d'une aussi grande précision.

Il faut remarquer encore que la charge du point d'appui est, comme dans la balance ordinaire, égale à la somme des trois poids

$$Q + \pi + P.$$

On peut varier cette balance de diverses manières en rendant mobile soit le point A, soit le point de suspension du levier; le principe de l'appareil est toujours le même.

Balance de Roberval

102. — La *balance de Roberval* se compose de deux leviers égaux et parallèles, AB et A'B' (fig. 94), pouvant tourner au-

Fig. 94.

tour de leurs milieux O et O', et reliés par deux tiges verticales AA', BB' articulées aux points A, A', B, B'. Les deux leviers et les deux tiges verticales forment ainsi un parallélogramme articulé. Ces tiges AA′ et BB′ portent des plateaux sur l'un desquels on met des poids marqués, et sur l'autre le corps que l'on veut peser. L'emploi de la balance de Roberval repose sur cette propriété qu'un corps, placé en un point quelconque M d'un plateau, produit le même effet que s'il était directement appliqué au point B.

En effet, soit M (fig. 95) la position du corps, que nous supposerons d'abord dans le plan de symétrie de l'appareil; P son poids représenté par la longueur MC. Joignons MB et MB′ et décomposons la force MC en deux autres MD et ME passant par les deux points B′ et B; transportons ces deux forces aux points B′ et B, en B′D′ et BE′, ce qui est permis, puisque les points M, B et B′ font partie d'un corps solide. Décomposons maintenant la force BE′ en deux, l'une parallèle à OB, qui sera détruite par le point fixe O, l'autre B*e*, verticale; décomposons de même la force B′D′ en deux, l'une dirigée suivant B′O′, qui sera détruite par le point fixe O′, l'autre B′*d*, verticale.

Ces deux forces verticales B′*d* et B*e* ont une résultante égale à leur différence B′*d* — B*e*, que l'on peut appliquer au point B. Il

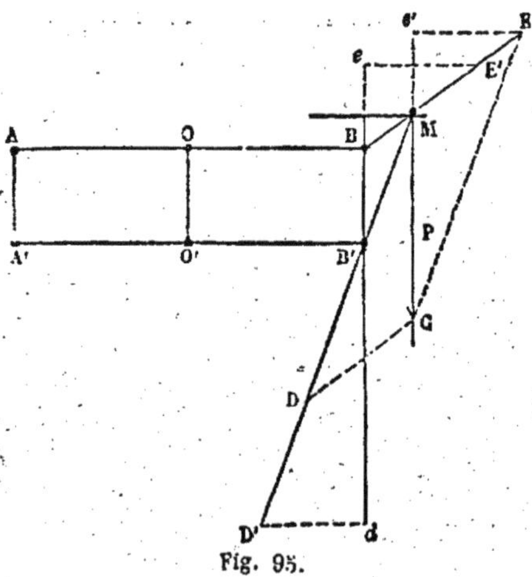

Fig. 95.

suffit maintenant de montrer que cette différence est égale au poids MC du corps.

Menons E*e*′, parallèle à BO, jusqu'à la rencontre de la verticale MC. Les triangles égaux $B'D'd$, CEe' donnent $B'd = Ce'$; les triangles égaux $BE'e$, MEe' donnent aussi $Be = Me'$. Par suite, en faisant la différence, on trouve

$$B'd - Be = Ce' - Me' = MC = P.$$

Si l'on place des poids égaux sur les deux plateaux, on pourra donc supposer qu'ils sont appliqués aux extrémités A et B du premier levier ; ils auront alors une résultante passant par le point fixe O, et l'instrument restera en équilibre.

En tenant compte du poids des fléaux, comme nous l'avons fait pour la balance ordinaire, on verrait que l'inclinaison de l'appareil, quand on met sur un des plateaux un excès de poids p, est d'autant plus grande que cet excès de poids est plus considérable. La sensibilité dépend aussi de la distance du centre de gravité de chaque fléau à son point d'appui. Enfin, on peut donner à cette balance une grande précision en faisant tourner les diverses pièces sur des arêtes de prismes d'acier placés aux points A, O, B, A', O', B'.

La somme des pressions que supportent les deux points d'appui O et O' est égale à la somme des poids des leviers, des plateaux et des corps qu'on y a placés. Quant à la pression que supporte chacun de ces points, on ne peut pas la déterminer ; nous avons vu (79) la raison de cette indétermination.

103. — Nous avons supposé que les centres de gravité du corps et des poids qui lui font équilibre étaient situés dans le plan de symétrie de l'appareil. Pour faire disparaître cette restriction, il suffit de remarquer que les mouvements du parallélogramme articulé se font, non pas autour de points, mais autour d'axes parallèles. Si le corps et les poids marqués n'ont pas leurs centres de gravité dans le plan de symétrie, on coupera l'appareil par un plan vertical passant par les centres de gravité des deux plateaux avec les corps qu'ils portent. L'intersection de ce plan par les axes donnera une figure tout à fait pareille à la figure 95, et l'on répétera identiquement le même raisonnement. C'est une observation analogue à celle que nous avons déjà faite à propos de la balance ordinaire.

La balance de Roberval est moins haute que la balance ordinaire, et, comme les plateaux ne sont point suspendus par des cordons, on peut y placer des corps d'un plus grand volume. L'inconvénient qu'elle présente, c'est qu'il y a trop de points d'articulation, et, par suite, trop de frottements.

Bascule de Quintenz

104. — Cette bascule est fréquemment employée dans le commerce pour peser des charges considérables.

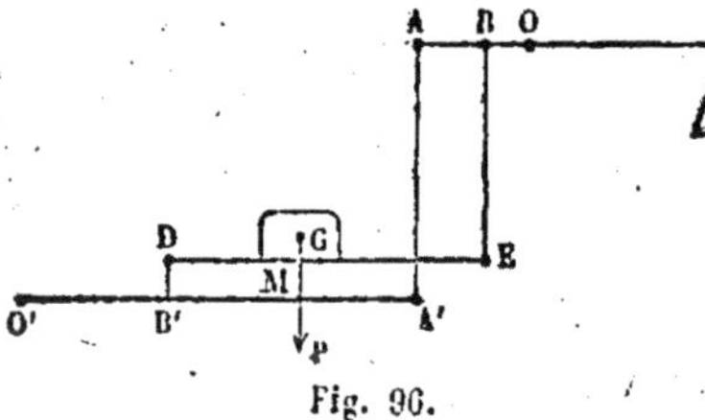

Fig. 96.

Elle se compose de trois leviers (fig. 96), l'un AC tournant autour du point fixe O, l'autre A'O' tournant autour du point O', et le troisième DE autour du point D. Ce dernier levier porte un tablier sur lequel on place le corps à peser. Le point D est l'extrémité d'une tige DB' fixée au levier O'A'; AA' et BE sont deux tiges verticales articulées à leurs extrémités et reliant le levier AC aux deux autres. En C est suspendu un plateau qui porte des poids gradués.

Soit P le poids du corps, M le point où la verticale passant par le centre de gravité du corps rencontre le bras de levier DE; on peut décomposer la force P appliquée en M en deux forces parallèles appliquées en E et D. La composante appliquée en E sera égale à $P \times \frac{DM}{DE}$, et pourra être transportée au point B. L'autre, appliquée en D, est égale à $P \times \frac{ME}{DE}$. Cette force peut être transportée en B' et décomposée en deux, l'une appliquée en O', qui sera détruite par ce point fixe, l'autre appliquée en A' et égale à $P \times \frac{ME}{DE} \times \frac{O'B'}{O'A'}$. Cette nouvelle force peut être transportée au point A et décomposée à son tour en deux forces parallèles, l'une de sens contraire appliquée en O, qui sera détruite ; l'autre, de même sens, appliquée en B et égale à $P \times \frac{ME}{DE} \times \frac{O'B'}{O'A'} \times \frac{OA}{OB}$.

Finalement, le poids du corps peut être remplacé par deux forces verticales appliquées au point B ; la somme de ces deux forces est.

$$P \times \frac{DM}{DE} + P \times \frac{ME}{DE} \times \frac{O'B'}{O'A'} \times \frac{OA}{OB}.$$

Il faut construire la balance de telle sorte que l'effort exercé sur le point B soit indépendant de la position que le corps occupe sur le tablier. Il suffit pour cela que l'on ait

$$\frac{O'B'}{O'A'} \times \frac{OA}{OB} = 1,$$

d'où l'on déduit

$$\frac{OA}{OB} = \frac{O'A'}{O'B'}.$$

La somme des forces devient alors

$$P \times \frac{DM}{DE} + P \times \frac{ME}{DE} = P \times \frac{DM + ME}{DE} = P.$$

Donc, quand les bras de levier OA et O'A' sont proportionnels à OB et O'B', on peut placer le corps en un point quelconque du tablier, et ce corps produit sur le levier AC le même effet que s'il était directement attaché au point B. Quant à la pression que supporte le point O, elle dépend de la distance ME.

Le bras de levier OC est plus grand que OB, afin qu'on puisse faire équilibre au poids P agissant en B avec un poids p plus faible agissant en C ; on a alors

$$P \times OB = p \times OC,$$

d'où

$$P = p \times \frac{OC}{OB}.$$

La bascule est dite au dixième quand $\frac{OC}{OB} = 10$; alors le poids

P est dix fois plus grand que le poids p qui lui fait équilibre. La figure 97 représente la coupe d'une bascule de Quintenz au dixième, construite comme nous venons de l'indiquer. Quelquefois encore on remplace le plateau suspendu au point C par un poids constant que l'on fait glisser le long du levier OC, comme dans la romaine.

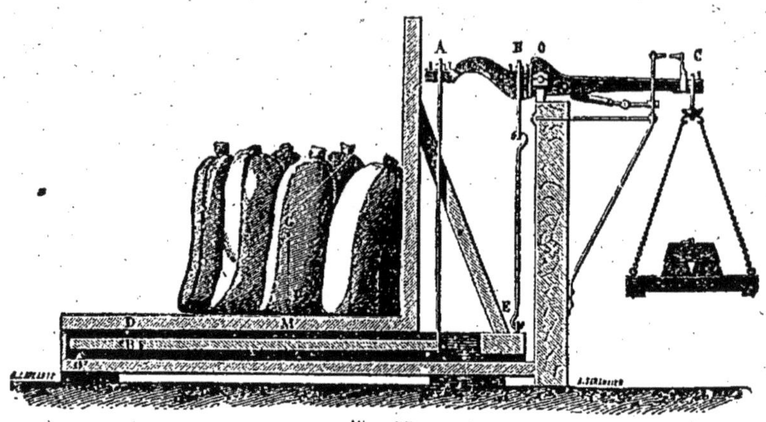

Fig. 97.

105. — Nous avons supposé, dans la démonstration, que le centre de gravité du corps placé sur le tablier était dans le plan de symétrie de l'appareil; il est facile de faire disparaître cette restriction. Remarquons pour cela que le levier O'A' (fig. 97) est formé par une plate-forme qui s'appuie en O' sur une arête de couteau horizontale, perpendiculaire au plan de la figure. De même, le tablier porte en D un couteau qui s'appuie en B' sur la plate-forme par une arête parallèle à la première.

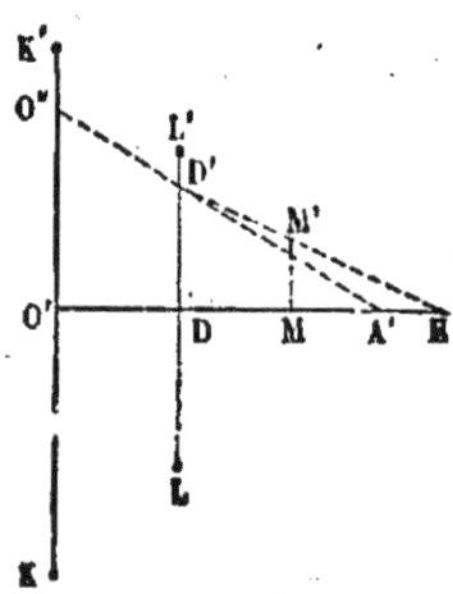

Fig. 98.

Prenons pour plan de figure un plan horizontal. Soient KK', LL' les arêtes des deux couteaux (fig. 98), M' le point où la verticale passant par le centre de gravité du corps perce le tablier; menons la droite M'M parallèle à L'L et joignons EM' par une droite que nous prolongeons jusqu'en D'.

Le poids P du corps, appliqué en M′, peut être décomposé en deux autres forces parallèles, l'une égale à $P \times \frac{M'D'}{D'E}$ appliquée au point E, l'autre $P \times \frac{M'E}{D'E}$ appliquée au point D′. A cause des triangles semblables EMM′, EDD′, on a

$$P \times \frac{M'D'}{D'E} = P \times \frac{MD}{DE},$$

$$P \times \frac{M'E}{D'E} = P \times \frac{ME}{DE}.$$

On voit déjà que la force $P \times \frac{MD}{DE}$ appliquée au point E est la même que si le poids du corps était appliqué en M.

Menons maintenant la droite A′D′O″, et remarquons que les triangles A′DD′, A′O′O″ sont semblables. La force $P \times \frac{ME}{DE}$, appliquée au point D′, peut être remplacée par deux autres forces parallèles, l'une appliquée au point O″, l'autre appliquée au point A′ et égale à $P \times \frac{ME}{DE} \times \frac{O''D'}{O''A'}$ ou $P \times \frac{ME}{DE} \times \frac{O'D}{O'A'}$. En remarquant que la longueur O′D sur la figure 98 est égale à la longueur O′B′ de la figure 97, on voit que l'on obtient encore pour la force appliquée en A′ la même valeur que précédemment. L'effet produit par le corps sur le levier AC (fig. 97) est donc bien indépendant de la position de ce corps sur le tablier.

Si la plate-forme, au lieu de reposer sur un axe, repose sur deux points K et K′ (fig. 98) et si le tablier s'appuie de même par deux points L et L′, on obtiendra la pression que supportent ces différents points en décomposant la force appliquée au point D′ en deux autres appliquées en L et en L′, et la force appliquée au point O″ en deux autres appliquées aux deux points K et K′. On reconnaîtra ainsi que les pressions supportées par ces différents points d'appui dépendent de la position du corps sur le tablier.

106. — Depuis quelques années, on construit une nouvelle espèce de balance qui a l'aspect de la balance de Roberval, mais qui est formée en réalité de deux bascules de Quintenz agissant de part et d'autre sur un même bras de levier.

Cette balance (fig. 99) se compose d'un fléau AA' pouvant tourner autour de son milieu O, et de deux leviers égaux CE, C'E',

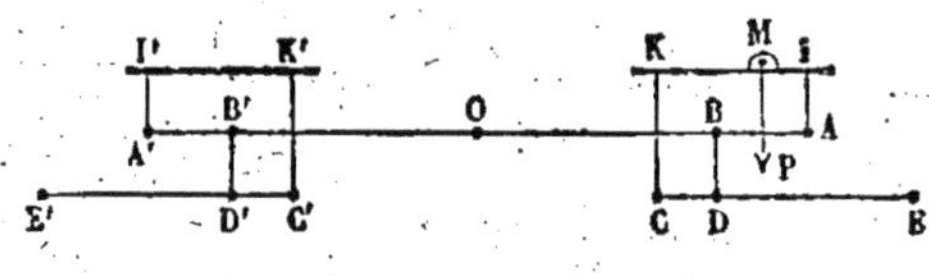

Fig. 99.

tournant autour des points E et E'. A l'un des plateaux IK sont implantées deux tiges verticales IA, KC, reposant sur les extrémités A et C du fléau AA' et du levier CE ; BD est une tige verticale articulée en B et en D ; on a d'ailleurs la proportion

$$\frac{OB}{OA} = \frac{ED}{EC}.$$

On démontre, comme dans le cas précédent, qu'un corps de poids P, placé en un point quelconque M du plateau, produit le même effet que s'il agissait directement sur le fléau au point A. La seconde partie de l'appareil est tout à fait symétrique, et le fléau AA' reste horizontal quand on met des poids égaux sur les deux plateaux.

Poulie fixe

107. — La *poulie* est une roue circulaire pouvant tourner autour d'un axe mené par son centre et perpendiculaire à son plan (fig. 100). Pour cela, elle est traversée en son centre par une tige de fer cylindrique dont les extrémités sont portées par une *chape*. Cette chape est une mâchoire de fer dont les deux branches embrassent la poulie, et qui est attachée à un point fixe par un crochet ou par une vis et un écrou. Sur le pourtour de la poulie est creusé un sillon, ou *gorge*, et dans cette gorge passe une corde aux deux extrémités de laquelle sont appliquées la puissance P et la résistance Q.

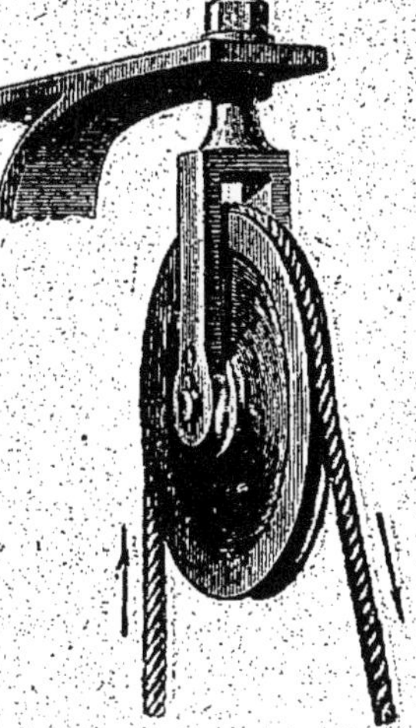

Fig. 100.

Soit O (fig. 101) le centre de la poulie, OA et OB les rayons qui aboutissent aux points où la corde commence à toucher la poulie. On peut appliquer les forces P et Q aux points A et B des cordons ; comme on suppose que la corde ne peut pas glisser sur la poulie sans l'entraîner, on peut appliquer ces deux forces aux points A et B de la poulie, et imaginer qu'elles agissent sur le levier AOB, mobile autour du point O. Pour l'équilibre, il faut que les moments de ces forces par rapport au point O soient égaux et de signes contraires. Les bras de levier OA et OB étant égaux, les forces P et Q sont aussi égales.

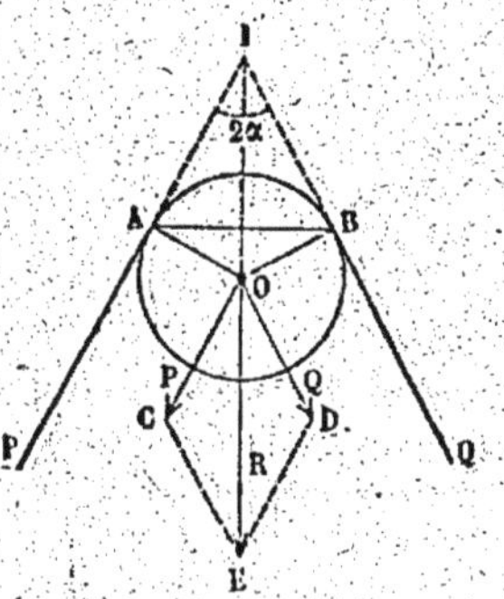

Fig. 101.

Pour déterminer la pression que supporte l'axe de la poulie, nous n'avons qu'à transporter (92) les forces P et Q parallèlement à elles-mêmes au point O, en OC et OD, et construire la résultante OE de ces deux forces. Comme ces forces sont égales, la résultante R est dirigée suivant la bissectrice de l'angle que font leurs directions.

Appelons 2α l'angle AIB ou COD des deux cordons, la figure OCED est un losange ; on a donc

$$OE = 2 . OC . \cos\alpha,$$

ou bien

$$R = 2P \cos \alpha.$$

Joignons AB, appelons r le rayon OA de la poulie ; on aura, en remarquant que l'angle ABO est égal à α,

$$AB = 2r \cos \alpha.$$

Par suite,

$$\frac{R}{P} = \frac{AB}{r}.$$

Donc, *l'une des forces* P *et* Q *est à la charge* R, *que supporte l'axe de la poulie, comme le rayon de la poulie est à la corde* AB *de l'arc embrassé par le cordon sur la poulie.*

Si les cordons sont parallèles, l'angle 2α est nul, et l'on a $R = 2P$. La pression que supporte l'axe est égale à la somme des forces qui agissent aux deux extrémités du cordon.

Poulie mobile

108. — Supposons que la poulie, au lieu de tourner autour d'un axe fixe comme précédemment, soit portée par un cordon CBAD (fig. 102), fixé en un point C, et tiré à l'autre extrémité par une force P. La chape de la poulie portant un poids Q, on conçoit que la force P peut être telle que l'équilibre existe.

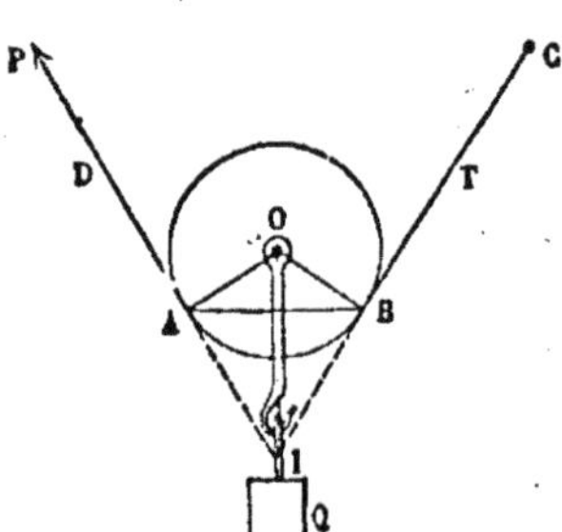

Fig. 102.

Le cordon BC exerce une certaine pression sur le point fixe C, et ce point réagit avec une force égale et contraire ; on peut donc supprimer le point fixe et le remplacer par une force T agissant dans la direction du cordon de B en C ; cette force T est la *tension* du cordon.

Supposons que l'équilibre existe. Les deux forces P et T peuvent être appliquées aux points A et B de la poulie et la force Q au point O, en considérant le poids de la poulie comme négligeable. Nous n'altérerons pas l'équilibre en fixant un point quelconque de la poulie, par exemple le point O. La force Q est alors détruite par la résistance de ce point; les deux forces P et T se font équilibre sur une poulie fixe, et par suite doivent être égales. La pression que supporte le point fixe C est donc égale à la force P et la tension est la même tout le long du cordon. La résultante des deux forces égales P et T est dirigée suivant la bissectrice de l'angle qu'elles font entre elles; cette résultante doit faire équilibre au poids Q; elle est donc dirigée suivant la droite IO, et les deux cordons sont également inclinés sur cette droite.

Appelons 2α l'angle AIB des cordons : la résultante des deux forces égales P et T sera, comme plus haut, égale à $2P\cos\alpha$. La condition d'équilibre est donc

$$Q = 2P\cos\alpha.$$

On a encore

$$AB = 2r\cos\alpha,$$

et, par suite,

$$\frac{Q}{P} = \frac{AB}{r}.$$

La force P *est au poids* Q *comme le rayon de la poulie est à la corde* AB.

Le poids Q restant constant, la force P est d'autant plus grande que l'angle 2α se rapproche plus de 180°. Quand les cordons sont parallèles, l'angle 2α est nul, et l'on a

$$P = \frac{Q}{2}.$$

Dans ce cas, on fait équilibre à un poids Q avec une force P deux fois plus faible; c'est la condition la plus favorable.

Moufles.

109. — On appelle *moufle* une machine formée par la réunion de plusieurs poulies fixes et mobiles, et qui permet de faire équilibre à une résistance donnée par une force beaucoup plus faible ; on emploie pour cela plusieurs dispositions différentes.

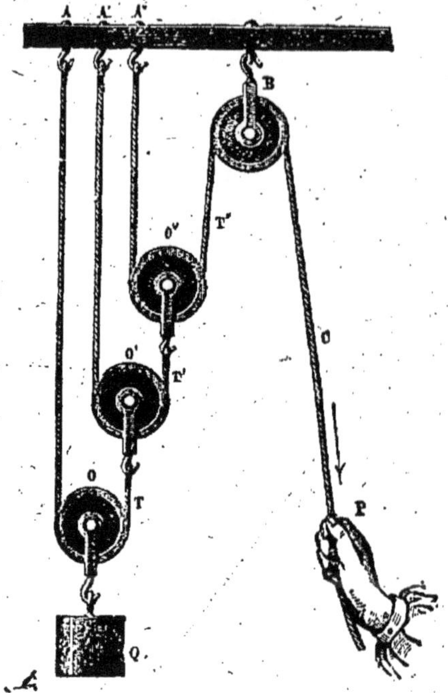

Fig. 103.

Dans la moufle de la figure 103, le poids Q est attaché à la chape d'une première poulie mobile O, dont le cordon est fixé par l'une de ses extrémités à un point fixe A, et attaché par l'autre extrémité à la chape d'une seconde poulie O'. Le cordon de cette seconde poulie est fixé aussi par une de ses extrémités à un point A' et attaché par l'autre à la chape d'une troisième poulie O'', et ainsi de suite. Le cordon de la dernière poulie mobile passe sur une poulie fixe de renvoi B, et une force P agit à l'extrémité de ce cordon.

Considérons le cas simple où les cordons des poulies mobiles sont parallèles, et proposons-nous de déterminer la puissance P qui fait équilibre à la résistance Q. La tension de chacun des cordons est la même sur toute sa longueur, comme nous venons de le voir (108); appelons T, T', T'', les tensions des différents cordons. La tension T du premier cordon agit comme puissance sur la première poulie mobile O, et l'on a

$$Q = 2T.$$

Cette tension T agit sur la chape de la poulie mobile O' et la tension T′ du second cordon agit en sens contraire sur la circonférence de cette poulie ; on a encore

$$T = 2T' ;$$

de même,

$$T' = 2T''.$$

La tension T″ agissant sur la poulie fixe B est égale à la force P,

$$T'' = P.$$

En multipliant toutes ces équations membre à membre, il vient

$$Q = 2^3 P, \quad \text{ou} \quad P = \frac{Q}{2^3}.$$

En général, s'il y a n poulies mobiles, on obtiendra de même

$$Q = 2^n P, \quad \text{ou} \quad P = \frac{Q}{2^n}.$$

La force P est donc égale à la résistance Q divisée par une puissance de 2 indiquée par le nombre des poulies mobiles.

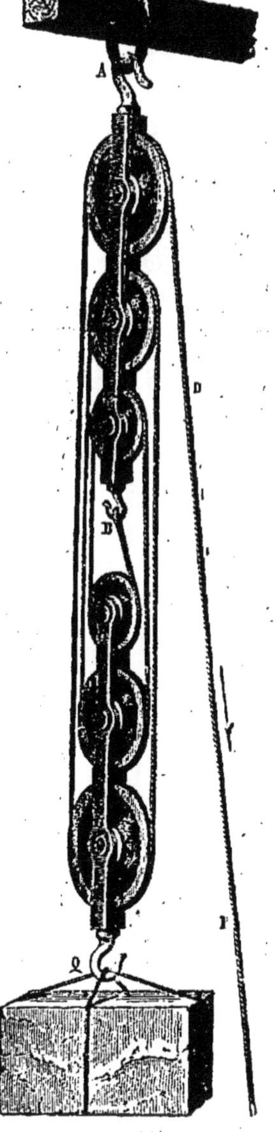

Fig. 104

110. — Plus fréquemment, la moufle est composée de plusieurs poulies C, C′, C″ (fig. 104) montées sur une même chape fixe attachée en A, et d'un nombre égal de poulies O, O′, O″, montées sur une même chape mobile, laquelle porte le poids Q. Ces poulies ont des rayons inégaux pour que les différents cordons ne se gênent pas.

Le cordon est attaché à un crochet B qui termine la chape fixe,

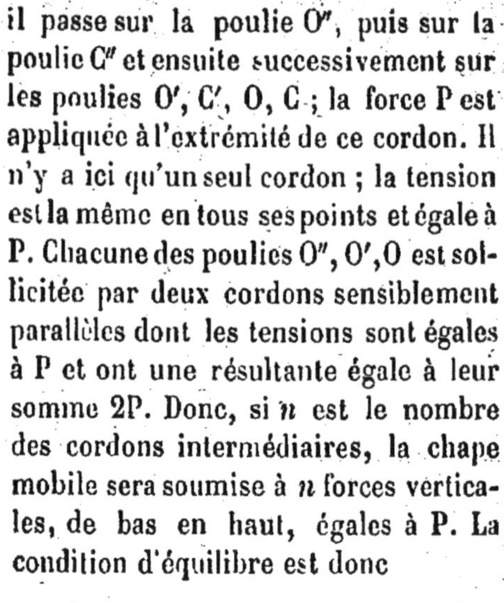

il passe sur la poulie O″, puis sur la poulie C″ et ensuite successivement sur les poulies O′, C′, O, C ; la force P est appliquée à l'extrémité de ce cordon. Il n'y a ici qu'un seul cordon ; la tension est la même en tous ses points et égale à P. Chacune des poulies O″, O′, O est sollicitée par deux cordons sensiblement parallèles dont les tensions sont égales à P et ont une résultante égale à leur somme 2P. Donc, si n est le nombre des cordons intermédiaires, la chape mobile sera soumise à n forces verticales, de bas en haut, égales à P. La condition d'équilibre est donc

$$Q = nP, \quad \text{ou} \quad P = \frac{Q}{n}.$$

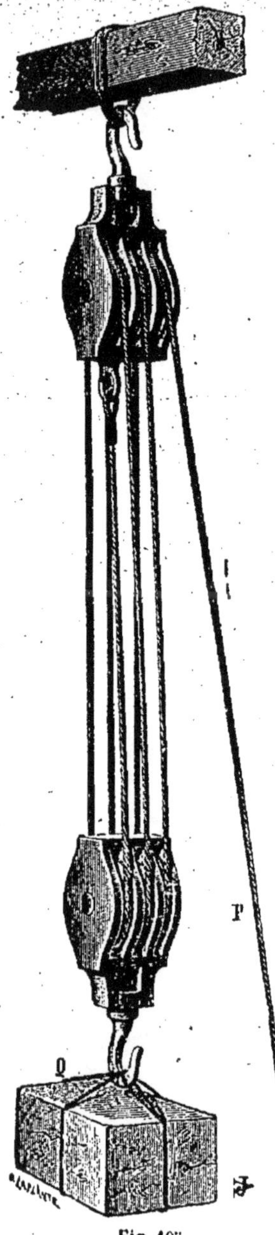

Fig. 105.

Si n est le nombre des cordons intermédiaires, *on fait* donc *équilibre à un poids* Q *par une force* n *fois plus faible.*

Dans la figure que nous avons donnée, le nombre des cordons intermédiaires est toujours pair ; il est égal au double du nombre des poulies montées sur la chape mobile.

On supprime quelquefois la dernière poulie O″ de la chape mobile, et on fixe alors le cordon à la chape mobile; dans ce cas, le nombre des cordons intermédiaires est impair.

Souvent les poulies fixes sont égales et montées sur un même axe, ainsi que les poulies mobiles (fig. 105). De cette manière, l'appareil a une longueur moindre. Les cordons intermédiaires sont encore sensiblement parallèles et la condition d'équilibre est la même. Cette moufle porte plus spécialement le nom de *palan*.

Treuil

111. — Le *treuil* (fig. 106) se compose d'un cylindre AB généralement en bois, terminé à ses deux extrémités par des tiges de fer cylindriques, de rayon plus petit, implantées dans le premier cylindre de manière que les axes se confondent. Ces tiges, appelées *tourillons*, reposent sur deux supports concaves qu'on appelle *coussinets*. Une corde attachée en un des points du cylindre est enroulée sur sa surface et porte à l'autre extrémité un poids Q. Le cylindre porte encore une roue de rayon beaucoup plus grand, et une corde passant sur cette roue est soumise à l'action d'une force P. Comme on le voit, le treuil est un corps solide assujetti à tourner autour d'un axe, et, pour que l'équi-

Fig. 106.

libre existe, il faut que la résultante des deux forces P et Q soit détruite par la résistance de l'axe.

Supposons d'abord les deux forces P et Q verticales, et soient C et C′ (fig. 107) leurs points d'application. Les rayons OC, O′C′, qui aboutissent aux points d'application, sont horizontaux ; ils

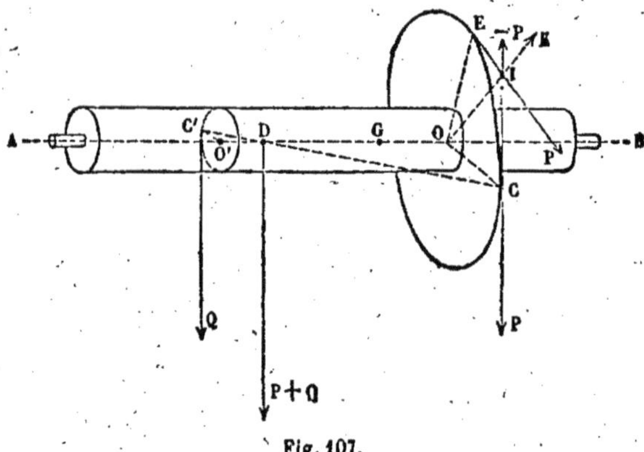

Fig. 107.

sont donc parallèles et situés dans un même plan avec l'axe ; la droite CC′ rencontre l'axe en un point D, et il faut que la résultante des forces P et Q soit appliquée au point D. On aura donc

$$\frac{P}{Q} = \frac{C'D}{CD}.$$

Les triangles semblables OCD, O′C′D donnent les rapports égaux

$$\frac{C'D}{CD} = \frac{C'O'}{CO},$$

d'où l'on tire, en appelant r le rayon du cylindre et R le rayon de la roue,

$$\frac{P}{Q} = \frac{C'O'}{CO} = \frac{r}{R}.$$

Les forces P *et* Q *sont* donc *dans le rapport du rayon du cylindre au rayon de la roue*, c'est-à-dire *en raison inverse des bras de levier à l'extrémité desquels elles agissent.*

Pour déterminer les pressions que supportent les coussinets, il suffira de décomposer la résultante P + Q, appliquée en D, en deux forces appliquées aux tourillons A et B.

Si l'on veut tenir compte du poids du treuil, on décomposera son poids appliqué au centre de gravité G en deux forces parallèles appliquées aux tourillons.

Supposons maintenant que la force P, au lieu d'être verticale, soit appliquée au point E de la grande roue. Menons le rayon horizontal OC, et appliquons au point C deux forces verticales P et — P, égales et de sens contraires, ce qui ne change pas l'équilibre. La force — P appliquée en C et la force P appliquée en E se rencontrent au point I ; on peut les transporter en ce point et déterminer leur résultante IK. Cette résultante passera par le point O, puisque les deux forces sont égales, et elle sera détruite par la résistance de l'axe. Il ne restera que la force P appliquée au point C, et le problème est ramené au cas précédent. La condition d'équilibre est encore

$$\frac{P}{Q} = \frac{r}{R}.$$

Pour déterminer les pressions supportées par les coussinets, on décomposera la force P + Q, appliquée en D, en deux autres appliquées aux tourillons A et B, et la force IK, appliquée en O, en deux autres appliquées aussi aux tourillons A et B. On construira ensuite la résultante des deux composantes appliquées à chaque tourillon ; dans ce cas, les pressions supportées par les tourillons ne sont plus des forces verticales.

La grande roue du treuil est souvent remplacée par des leviers perpendiculaires à l'axe du cylindre, ou bien par une bielle et une manivelle ; dans les deux cas, la force appliquée est perpendiculaire à l'axe du cylindre et aux bras de levier qui y sont implantés.

112. — Dans le *treuil des carriers* (fig. 108), qu'on emploie pour extraire les pierres des carrières souterraines, la roue attachée au cylindre a de très-grandes dimensions, et elle porte un grand nombre d'échelons implantés sur sa circonférence, perpendiculairement à son plan. Des ouvriers montent le long de cette échelle circulaire ; leur poids est la puissance et ils peuvent soulever des blocs très-lourds, parce qu'ils agissent à l'extrémité d'un grand bras de levier.

Pour obtenir la condition d'équilibre dans ce cas, on mènera

par le centre de gravité de l'ouvrier un plan perpendiculaire à l'axe du cylindre. Du point où ce plan rencontre l'axe, on abaissera une perpendiculaire sur la verticale passant par le centre de

Fig. 108.

gravité considéré ; on rentrera ainsi dans le cas de la figure 107.

En appelant D la longueur de cette perpendiculaire, r le rayon du cylindre, Q la charge attachée à la corde, et P le poids de l'ouvrier, la condition d'équilibre sera

$$\frac{P}{Q} = \frac{r}{D}.$$

La charge Q, comme on le voit, est d'autant plus grande que

la distance D est plus grande, c'est-à-dire que l'ouvrier s'est élevé davantage. L'ouvrier fera équilibre à la plus grande charge possible, quand il sera placé à l'extrémité du rayon horizontal de la roue ; la distance D sera égale alors à ce rayon R, et la charge maximum est donnée par l'équation

$$\frac{P}{Q}=\frac{r}{R}.$$

Enfin, on se sert quelquefois de treuils dont l'axe est vertical, soit pour traîner des fardeaux sur le sol, soit pour exercer un effort dans une direction quelconque, en ayant soin de faire passer la corde sur une poulie de renvoi. Les treuils à axe vertical portent généralement le nom de *cabestans*.

EXERCICES

1. Un levier est formé de deux branches rectilignes homogènes dont les longueurs sont dans le rapport de 2 à 1. Quel poids faut-il attacher à l'extrémité du levier le plus court pour que les deux branches fassent le même angle avec l'horizon?

2. Deux plans inclinés sont adossés l'un à l'autre ; sur ces plans on pose deux corps pesants reliés par un cordon qui passe sur une poulie placée au sommet des plans inclinés. Quelle est la condition d'équilibre?

3 Deux cylindres pesants sont posés dans l'angle formé par deux plans inclinés qui se coupent suivant une horizontale. Quelle est la condition d'équilibre?

4. Une échelle est appuyée obliquement sur un mur vertical. Quelle est la pression de l'échelle sur le mur, et quelle est la force qu'il faut appliquer horizontalement au pied de l'échelle pour l'empêcher de glisser?

5. Deux cylindres pesants de rayons égaux sont placés l'un contre l'autre sur un plan horizontal et entre deux murs verticaux. On pose un troisième cylindre sur les deux premiers. Quelles sont les pressions sur les murs?

6. Même problème en supposant que les cylindres inférieurs ont des rayons inégaux.

7. En plaçant un corps alternativement dans les deux plateaux d'une balance dont les bras du fléau sont inégaux, on produit l'équilibre avec des poids différents P et P'. Quel est le poids du corps?

8. Établir la condition d'équilibre des moufles de première espèce (fig. 103) en tenant compte du poids des poulies mobiles.

CINÉMATIQUE

CHAPITRE PREMIER

DIFFÉRENTES ESPÈCES DE MOUVEMENTS

113. — Nous apprécions le mouvement d'un corps en évaluant à diverses époques les distances de ce corps à différents points considérés comme points de repère. Si ces distances sont invariables, le corps est en repos par rapport aux points de repère ; si ces distances varient avec le temps, le corps est en mouvement par rapport aux mêmes points.

Nous considérerons d'abord le mouvement d'un point matériel et nous appellerons ce point en mouvement un *mobile*.

On appelle *trajectoire* la ligne droite ou courbe qui joint les positions successives occupées par un mobile. On se représente parfaitement le mouvement d'un mobile, quand on connaît la trajectoire qu'il décrit, et la position qu'il occupe à chaque instant sur sa trajectoire.

Le mouvement d'un corps solide, c'est-à-dire d'un système de points liés entre eux d'une manière invariable, est en général beaucoup plus complexe. Pour avoir une idée exacte du mouvement d'un corps solide, il faut se représenter comme précédemment le mouvement de chacun des points qui le composent.

114. — Un mouvement est dit *rectiligne* quand la trajectoire décrite par le mobile est une ligne droite ; le mouvement est *curviligne*, si la trajectoire est une ligne courbe. Quand le mobile parcourt sur sa trajectoire des longueurs égales en des temps égaux, on dit que le mouvement est *uniforme*. Le mouvement est dit *varié*, si le mobile ne parcourt pas des espaces égaux en des temps égaux.

Mouvement rectiligne et uniforme. — Vitesse

115. — Le mouvement le plus simple que l'on puisse imaginer est le mouvement *rectiligne et uniforme; le mobile décrit une ligne droite et parcourt des espaces égaux en des temps égaux.* On appelle *vitesse*, dans un pareil mouvement, l'espace parcouru par le mobile pendant l'unité de temps. C'est par la grandeur de la vitesse que les différents mouvements uniformes se distinguent les uns des autres.

En mécanique, on prend ordinairement le mètre pour unité de longueur, et la seconde pour unité de temps; la vitesse dans le mouvement rectiligne et uniforme est donc le nombre de mètres parcourus par le mobile pendant une seconde.

Soit XY (fig. 109) la trajectoire d'un mobile animé d'un mouvement rectiligne et uniforme, A la position initiale du mobile, c'est-à-dire la position qu'il occupe au moment où l'on commence à compter le temps, et M sa position au bout de t unités de temps. Appelons v la vitesse du mobile, c'est-à-dire l'espace qu'il parcourt pendant l'unité de temps, ce mobile aura parcouru pendant t unités de temps un espace égal à vt; on aura donc

Fig. 109.

$$AM = vt.$$

Cette formule montre aussi que les espaces parcourus par le mobile, pendant des temps inégaux, sont proportionnels aux temps employés à les parcourir.

Tirons la valeur de v de l'équation précédente, il vient

$$v = \frac{AM}{t};$$

donc, dans le mouvement uniforme, la vitesse est égale au quotient de l'espace qu'à parcouru le mobile par le temps employé à le parcourir.

On détermine généralement la position du mobile à chaque instant en évaluant sa distance à un point fixe O pris sur la trajectoire. On a évidemment

$$MO = OA + AM.$$

Désignons par e la distance du mobile au point O, et par e_0 la distance OA, l'équation précédente peut s'écrire

$$(1) \qquad e = e_0 + vt.$$

116.—Cette formule convient à tous les cas qui peuvent se présenter, si l'on considère comme positives les longueurs comptées à partir du point O dans un certain sens, à droite par exemple, et comme négatives les longueurs comptées à gauche de ce point. Si le point A est à gauche du point O au lieu de se trouver à droite, on donnera au terme e_0 une valeur négative; si le mobile marche vers le point X au lieu de marcher vers le point Y, on considérera la vitesse v comme négative ; l'espace e devra être compté à droite ou à gauche du point O, suivant que le second membre de l'équation [1] sera positif ou négatif.

La formule [1] permet aussi de déterminer la position du mobile t unités de temps avant l'instant initial, c'est-à-dire avant l'époque à laquelle ce mobile se trouvait au point A ; il suffit pour cela de donner au temps t des valeurs négatives.

Mouvement rectiligne varié. — Vitesse.

117.—Considérons un mobile qui se déplace sur une ligne droite XY (fig. 110) d'un mouvement *varié*, c'est-à-dire que les espaces parcourus par ce mobile pendant des temps égaux ne sont pas égaux.

X M M' Y

Fig. 110.

Soit M la position du mobile au temps t, M' sa position au temps t' ; pendant le temps $t'-t$, ce mobile a parcouru l'espace MM'. Imaginons qu'un second mobile, parti du point M au temps t, arrive au point M' au temps t' en marchant d'un mouvement uniforme ; ce second mobile, comme nous l'avons vu, serait animé d'une vitesse égale à $\frac{MM'}{t'-t}$. On appelle le quotient $\frac{MM'}{t'-t}$ la *vitesse moyenne* du mobile proposé pendant le temps $t'-t$.

Supposons maintenant que, le temps t restant le même, la différence $t'-t$ diminue indéfiniment, le quotient $\frac{MM'}{t'-t}$ tendra vers une certaine limite qu'on appelle la *vitesse du mobile au temps t.*

118.—Considérons, par exemple, un mouvement dans lequel l'espace parcouru par le mobile soit proportionnel au carré de temps, c'est-à-dire que l'on ait

$$e = at^2,$$

a étant une constante qui représente l'espace parcouru pendant la première seconde ; l'espace parcouru au bout du temps t' est

$$e' = at'^2.$$

Pendant l'intervalle de temps $t'-t$, le mobile parcourt donc l'espace

$$e'-e = at'^2 - at^2 = a(t'^2 - t^2) = a(t'-t)(t'+t) ;$$

la vitesse moyenne pendant cet intervalle est

$$\frac{e'-e}{t'-t} = a(t'+t).$$

Supposons maintenant que l'intervalle $t'-t$ diminue de plus en plus, la vitesse moyenne tendra vers la limite $2at$; cette limite est la vitesse du mobile au temps t. On a donc

$$v = 2at.$$

Mouvement rectiligne uniformément varié. — Accélération

119. — On dit qu'un mouvement rectiligne est *uniformément varié* quand la vitesse du mobile varie de quantités égales en des temps égaux. On appelle *accélération* la quantité dont la vitesse varie pendant l'unité de temps. L'accélération est positive quand la vitesse du mobile va en croissant, elle est négative quand la vitesse du mobile va en diminuant. On dit, dans le premier cas, que le mouvement est uniformément *accéléré;* dans le second cas, le mouvement est uniformément *retardé.*

Appelons v_0 la vitesse initiale du mobile, v sa vitesse au bout de t unités de temps, et w l'accélération; l'accroissement de vitesse pendant le temps t sera égal à wt, on aura donc

$$v - v_0 = wt,$$

d'où

$$v = v_0 + wt.$$

Cette formule convient à tous les cas, si l'on a soin de donner à l'accélération w le signe $+$ ou le signe $-$, suivant que le mouvement est accéléré ou retardé.

120. — Pour évaluer l'espace parcouru par un mobile animé d'un mouvement uniformément accéléré, nous considérerons d'abord le problème inverse. Nous avons vu déjà (118) que, si l'espace parcouru par un mobile pendant le temps t est proportionnel au carré du temps, c'est-à-dire représenté par at^2, la vitesse de ce mobile au temps t est égale à $2at$; cette vitesse est donc proportionnelle au temps et le mouvement est uniformément accéléré.

Plus généralement, supposons qu'un mobile ait un mouvement rectiligne et que sa distance à un point fixe de la trajectoire, au bout du temps t, soit exprimée par un polynôme du second degré de la forme

$$e = a + bt + ct^2,$$

le mouvement est uniformément varié.

En effet, au bout du temps t' la distance du mobile au point fixe sera

$$e' = a + bt' + ct'^2.$$

L'espace parcouru pendant le temps $t' - t$ est

$$\begin{aligned} e' - e &= b(t' - t) + c(t'^2 - t^2) \\ &= (t' - t)[b + c(t' + t)]; \end{aligned}$$

la vitesse moyenne pendant ce temps est

$$\frac{e' - e}{t' - t} = b + c(t' + t).$$

Supposons que l'intervalle de temps $t' - t$ diminue de plus en plus, la vitesse moyenne a pour limite $b + 2ct$; c'est la vitesse v du mobile au temps t. On a donc

$$v = b + 2ct.$$

La vitesse varie de quantités égales en des temps égaux, le mouvement est donc uniformément varié; la vitesse initiale est égale à b, et l'accélération est égale à $2c$. L'espace parcouru par le mobile pendant le temps t est d'ailleurs égal à

$$bt + ct^2.$$

121. — Réciproquement, si un mobile a un mouvement rectiligne, et si la vitesse de ce mobile est représentée par l'expression

$$b + 2ct,$$

l'espace parcouru par ce mobile pendant le temps t est égal à

$$bt + ct^2.$$

En effet, il est évident que si deux mobiles, partant en même temps du même point et marchant suivant la même droite, ont constamment des vitesses égales et dirigées dans le même sens, ces deux mobiles resteront ensemble et parcourront exactement le même chemin. La vitesse du second mobile $b + 2ct$ étant constamment égale à celle du premier, les chemins parcourus par ces deux mobiles pendant le même temps seront égaux; comme le chemin parcouru par le premier est $bt + ct^2$, le chemin parcouru par le second aura la même expression : *le produit de la vitesse initiale par le temps, et la moitié du produit de l'accélération par le carré du temps.*

122. — Si donc, la vitesse d'un mobile est représentée par

$$v = v_0 + w t,$$

l'espace parcouru par ce mobile pendant le temps t est

$$v_0 t + \frac{wt^2}{2}.$$

Soit XY (fig. 111) la trajectoire du mobile, A sa position initiale, M sa position au temps t, on aura donc

Fig. 111.

$$AM = v_0 t + \frac{wt^2}{2}.$$

Appelons e_0 la distance OA de la position du mobile à un point fixe O de sa trajectoire, e la distance OM du mobile à ce même point au bout du temps t, cette dernière distance sera exprimée par la formule

$$e = e_0 + v_0 t + \frac{wt^2}{2}.$$

Cette formule, comme celle que nous avons obtenue pour le mouvement uniforme, convient à tous les cas, si l'on considère comme positives les longueurs comptées à droite du point O, et comme négatives les longueurs comptées en sens contraire, dans la direction OX.

Mouvement rectiligne quelconque. — Accélération

123. — Soit v la vitesse du mobile à l'époque t dans un mouvement rectiligne et v' la vitesse à l'époque t'. Le quotient $\frac{v'-v}{t'-t}$ représente *l'accélération moyenne* du mobile ; c'est l'accélération dont il devrait être animé pour acquérir, au bout du temps $t'-t$, le même accroissement de vitesse $v'-v$, si le mouvement réel était remplacé par un mouvement uniformément accéléré.

L'époque t restant invariable, si la différence $t'-t$ diminue indéfiniment, le quotient $\frac{v'-v}{t'-t}$ tend vers une limite déterminée. Cette limite est *l'accélération* du mobile considéré à l'époque t ; elle a, pour chaque instant, une valeur particulière.

Considérons, par exemple, un mouvement rectiligne dans lequel l'espace parcouru par le mobile, à partir d'un certain point, soit proportionnel au cube du temps

$$e = a t^3.$$

Pendant l'intervalle $t'-t$, la vitesse moyenne est

$$\frac{e'-e}{t'-t} = a\,\frac{t'^3-t^3}{t'-t} = a\,(t'^2 + tt' + t^2).$$

Cet intervalle diminuant de plus en plus, la vitesse v au temps t est

$$v = 3\,a\,t^2.$$

La vitesse au temps t' est, de même, $v' = 3at'^2$ et l'accélération moyenne, pendant l'intervalle du temps $t'-t$, est

$$\frac{v'-v}{t'-t} = 3a\,\frac{t'^2-t^2}{t'-t} = 3a\,(t+t').$$

Faisant de nouveau tendre vers zéro la différence $t'-t$, l'accélération w à l'époque t devient

$$w = 3a \times 2t = 6at.$$

Dans ce cas, l'accélération est proportionnelle au temps.

Mouvement curviligne. — Vitesse

124. — Considérons un mobile qui décrit une courbe quelconque. Soit M (fig. 112) la position du mobile au temps t, M' sa position au temps t'. Menons la droite MM'; le rapport $\frac{MM'}{t'-t}$ est la vitesse qu'aurait dû posséder le mobile pour aller du point M au point M' pendant le temps $t'-t$, d'un mouvement rectiligne et uniforme; on appelle ce rapport la vitesse moyenne du mobile pendant le temps $t'-t$. Cette vitesse moyenne est une certaine longueur MA' que l'on doit porter sur la droite MM', à partir du point M. Imaginons que l'intervalle de temps $t'-t$ diminue de plus en plus, le point M' se rapproche indéfiniment du point M, et la vitesse moyenne MA' tend vers une certaine limite MA, qu'on appelle la vitesse du mobile au temps t. La vitesse moyenne, étant dirigée suivant la sécante MM', sera à la limite dirigée suivant la tangente au point M. La vitesse du mobile en un point est donc *une certaine longueur portée sur la tangente à la trajectoire et dans un certain sens.*

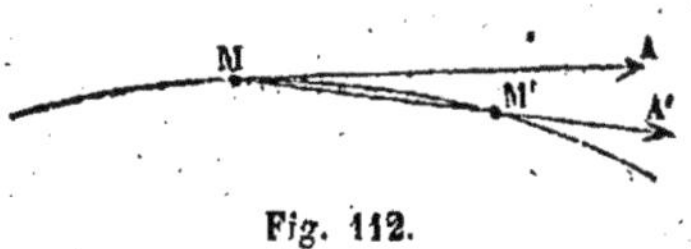

Fig. 112.

La vitesse moyenne a pour valeur

$$\frac{\text{corde } MM'}{t'-t}, \text{ ou bien } \frac{\text{corde } MM'}{\text{arc } MM'} \times \frac{\text{arc } MM'}{t'-t}.$$

Quand l'intervalle $t'-t$ diminue de plus en plus, le rapport de la corde MM' à l'arc correspondant tend vers l'unité; la vitesse a donc pour valeur la limite du rapport $\frac{\text{arc } MM'}{t'-t}$, c'est-à-dire la limite du rapport de l'espace parcouru au temps employé à le parcourir.

Si le mobile a un mouvement uniforme, c'est-à-dire s'il parcourt sur sa trajectoire des espaces égaux en des temps égaux, sa vitesse est constante en grandeur, mais non en direction, car cette vitesse est en chaque point tangente à la trajectoire.

Quand le mobile décrit une circonférence d'un mouvement uniforme, le mouvement est dit circulaire et uniforme.

Mouvement de rotation uniforme. — Vitesse angulaire

125. — Considérons un corps solide tournant autour d'une droite fixe; chacun des points de ce corps solide décrit une circonférence dont le centre est situé sur la droite fixe, et dont le plan est perpendiculaire à cette droite. Un pareil mouvement est dit *mouvement de rotation*, et la droite fixe est appelée *axe de rotation*.

Le mouvement de rotation est uniforme quand le corps tourne autour de l'axe de quantités égales en des temps égaux; dans ce cas, chaque point a un mouvement circulaire uniforme. Deux points également éloignés de l'axe ont évidemment des vitesses égales, puisqu'ils parcourent des circonférences égales en des temps égaux.

On appelle *vitesse angulaire* de rotation, la vitesse d'un point situé à l'unité de distance de l'axe. La vitesse d'un point quelconque peut être calculée très-facilement au moyen de la vitesse angulaire. Soit M (fig. 113) la position d'un point quelconque au temps t, MO la distance de ce point à l'axe; prenons sur la droite MO un point N situé à une distance NO de l'axe égale à l'unité. Au temps t', le point M est venu en M', et le point N en N'; la vitesse du point M est égale à la limite du rapport $\frac{MM'}{t'-t}$, celle du point N à la limite de $\frac{NN'}{t'-t}$. Le rapport de ces vitesses moyen-

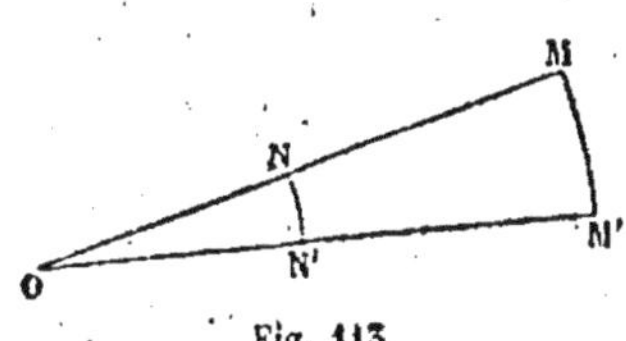

Fig. 113.

nes est égal à $\frac{MM'}{NN'}$ ou bien au rapport des rayons $\frac{MO}{NO}$, puisque les arcs MM' et NN' correspondent au même angle au centre. Par suite, le rapport des vitesses des deux points M et N sera aussi égal à $\frac{MO}{NO}$. Appelons v la vitesse du point M, r la distance MO à l'axe, ω la vitesse du point N, on aura donc

$$\frac{v}{\omega}=\frac{MO}{NO}=\frac{r}{1},$$

d'où l'on tire $$v=\omega r.$$

La vitesse d'un point quelconque est donc égale au produit de la vitesse angulaire par la distance de ce point à l'axe de rotation.

CHAPITRE II

COMPOSITION DES MOUVEMENTS

126. — Lorsqu'un système de points matériels est tel que les distances de tous ces points deux à deux sont invariables, tous les points sont en repos les uns par rapport aux autres. Si les distances de l'un des points en particulier M aux autres points du système varient avec le temps, ce point est en mouvement dans le système.

Quand on connaît le mouvement d'un mobile dans un système et le mouvement simultané de ce système dans un second, on peut se proposer de déterminer le mouvement du mobile dans le second système. Cette opération s'appelle la *composition* de deux mouvements simultanés, et le mouvement qui provient ainsi de la composition de deux autres s'appelle mouvement *résultant*.

127. — La question peut être plus complexe. Imaginons un mobile M qui se meut dans un premier système A, en même temps que le système A se déplace dans un second système B, et ce système B lui-même dans un troisième système C. Pour obtenir le mouvement du mobile M dans le système C, il faudra composer trois mouvements simultanés, qui sont : 1° le mouvement du mobile M dans le système A ; 2° le mouvement du système A dans le système B ; 3° le mouvement du système B dans le système C. En continuant ainsi, on voit qu'on peut avoir à composer un nombre quelconque de mouvements.

Tous les mouvements que nous pouvons observer sont de cette nature. Considérons, en effet, une bille qui se déplace sur le pont d'un bateau, en même temps que le bateau se meut lui-même le long d'une rivière. On obtiendra le mouvement de la bille par rapport à la rive en composant le mouvement de cette bille sur le pont avec le mouvement du bateau par rapport à la rive. La rive fait partie de la terre; elle participe donc au mouvement de rotation de la terre sur elle-même et à son mouvement autour du soleil. Enfin le soleil lui-même paraît se mouvoir dans l'espace.

128. — On dit qu'un système a un mouvement de *translation*, lorsque tous les points de ce système éprouvent pendant le même temps des déplacements égaux et parallèles. Considérons dans le système trois points non en ligne droite, et soient A, B et C (fig. 114) les positions de ces trois points au temps t. Au temps t', ces points seront venus en A', B', C'. Les droites AA' et BB', qui représentent les déplacements des deux points A et B pendant le temps $t'-t$, étant égales et parallèles, la figure ABB'A' est un parallélogramme, et la droite A'B' est égale et parallèle à BA. De même les droites A'C' et B'C' sont respectivement égales et parallèles à AC et BC. Le triangle ABC s'est donc transporté parallèlement à lui-même en A'B'C'. Il en serait de même de toute autre figure tracée dans le système. Ce mouvement de translation sera

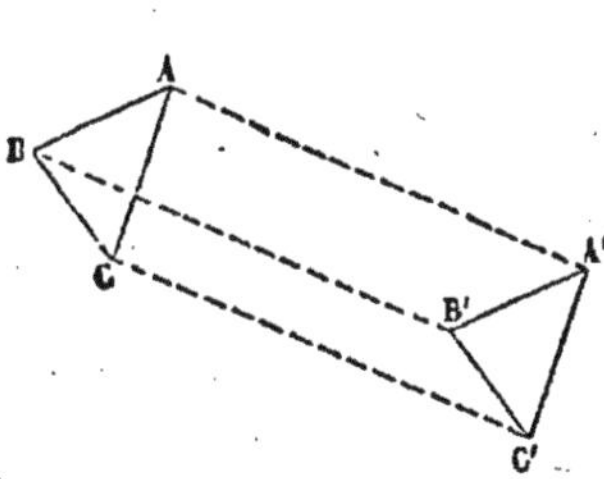

Fig. 114.

d'ailleurs rectiligne ou curviligne, suivant que la trajectoire de chaque point sera droite ou courbe.

Quand un système est animé d'un mouvement de translation, il est facile de voir que les vitesses de tous les points sont à chaque instant égales et parallèles. En effet, pendant le temps $t'-t$, les vitesses moyennes des points A, B, C sont respectivement égales et parallèles, puisqu'elles sont représentées par les quotients égaux $\frac{AA'}{t'-t}, \frac{BB'}{t'-t}, \frac{CC'}{t'-t}$, et que les droites AA', BB', CC' sont parallèles. Cette relation ne cesse pas d'avoir lieu quand le temps t' se rapproche indéfiniment du temps t, et alors les vitesses moyennes deviennent les vitesses des différents points au temps t.

Lorsque les différents points d'un système n'éprouvent pas pendant le même temps des déplacements égaux et parallèles, le mouvement du système n'est pas un mouvement de translation. Par exemple, dans le mouvement de rotation, il n'y a que les points situés sur une parallèle à l'axe qui éprouvent constamment des déplacements égaux et parallèles.

Nous ne considérerons la composition des mouvements que dans le cas où les systèmes seront animés de mouvements de translation rectilignes.

Composition de deux mouvements rectilignes et uniformes suivant la même droite

120. — Cherchons d'abord à composer deux mouvements rectilignes et uniformes s'effectuant suivant la même ligne droite, et dans le même sens.

Imaginons, par exemple, qu'un mobile M (fig. 115) se meuve d'un mouvement uniforme sur une droite XY, pendant que la droite se déplace aussi d'un mouvement uniforme parallèlement à elle-même et dans le même sens. Soit M la position du mobile à une certaine époque, M' le point de la droite où est venu le mobile au bout du temps t. Pendant ce temps t, la

Fig. 115.

droite s'est déplacée aussi, emportant le mobile avec elle, et le point M' de cette droite est venu en M''; le mobile se trouve donc en M'' au bout du temps t, et il a parcouru l'espace MM''. On a d'ailleurs

$$MM'' = MM' + M'M''.$$

Appelons v la vitesse du mobile sur la droite, et v' la vitesse de translation de la droite; on aura

$$MM' = vt,$$
$$M'M'' = v't;$$

par suite, $$MM'' = vt + v't = (v + v')t.$$

Le mouvement résultant est donc aussi uniforme, puisque l'espace parcouru est proportionnel au temps. En appelant V la vitesse du mouvement résultant, on a

$$V = v + v'.$$

La vitesse du mouvement résultant est donc égale à la somme des vitesses des deux mouvements proposés.

130. — Supposons maintenant que le mouvement de translation de la droite soit de sens contraire au mouvement du mobile sur cette droite. Le mobile se déplace sur la droite dans le sens XY (fig. 116) avec une vitesse v, et, en même temps, la droite marche en sens contraire, dans la direction YX, avec une vitesse v'.

X M M'' M' Y

Fig. 116.

Il y a deux cas à distinguer, suivant que la vitesse du mobile sur la droite est plus grande ou plus petite que la vitesse de translation de la droite.

Supposons d'abord $v > v'$. Pendant le temps t, le mobile a parcouru sur la droite un espace MM' égal à vt, et le point M' de la droite a parcouru, en sens contraire, un espace M'M'' égal à $v't$. Le mobile se trouve en M'', le déplacement résultant est MM'', et l'on a

$$MM'' = MM' - M'M'' = vt - v't = (v - v')\ t.$$

Le mouvement résultant est encore uniforme. La vitesse V de ce mouvement est donnée par la formule

$$V = v - v'.$$

Si $v < v'$, le déplacement M'M" (fig. 117) de la droite est plus grand que le déplacement MM' du mobile sur cette droite. Au bout du temps t le mobile se trouve donc à gauche du point M, en un point M", et l'on a

Fig. 117.

$$MM'' = M'M'' - MM' = v't - vt = (v' - v)\,t.$$

Le mouvement résultant est encore uniforme, mais il est de même sens que celui de la droite, et la vitesse V de ce mouvement a pour valeur

$$V = v' - v.$$

Dans les deux cas, la vitesse du mouvement résultant est égale à la différence des vitesses des deux mouvements proposés et de même sens que la plus grande.

131. — On peut comprendre tous ces résultats dans une même formule, en convenant de regarder comme positives les vitesses des mouvements qui ont lieu dans un certain sens, dans le sens XY par exemple, et comme négatives les vitesses des mouvements qui ont lieu en sens contraire. Dans tous les cas, la vitesse V du mouvement résultant sera donnée par la formule

$$V = v + v',$$

en ayant soin d'affecter les vitesses v et v' de signes convenables. Le mouvement résultant aura lieu dans le sens XY ou dans le sens contraire, suivant que la vitesse V sera positive ou négative.

Donc, *le mouvement résultant de deux mouvements rectilignes et uniformes suivant la même droite est un mouvement rectiligne uniforme, et sa vitesse est égale à la somme algébrique des vitesses des mouvements proposés.*

Il y a un cas particulier remarquable, c'est celui où les vitesses v et v' sont égales et de signes contraires; alors la vitesse du mouvement résultant est nulle. Pendant le temps t, le mobile parcourt sur la droite une certaine longueur MM′ dans un sens, et, en même temps, la droite parcourt en sens contraire une longueur égale M′M ; le mobile reste constamment au point M.

Nous pouvons remarquer aussi que le mouvement résultant ne changerait pas, si v' représentait la vitesse du mobile sur la droite et v la vitesse de translation de la droite. C'est là une observation générale. Le mouvement résultant reste le même quand on remplace l'un par l'autre le mouvement d'un mobile dans un système et le mouvement de translation du système.

132. — Appliquons à un exemple cette composition de deux mouvements. Imaginons un bateau qui descend un fleuve; appelons v la vitesse du bateau par rapport à l'eau du fleuve supposée immobile, et v' la vitesse du courant. Le bateau glisse sur l'eau avec une vitesse v, et en même temps le courant l'emporte avec une vitesse v'. Si le bateau marche sur l'eau dans le sens du courant, la vitesse du mouvement résultant, c'est-à-dire la vitesse du bateau par rapport à la rive, sera égale à $v+v'$. Au contraire, si le bateau glisse sur l'eau en sens contraire du courant, les vitesses v et v' sont de sens contraires, et la vitesse du mouvement résultant sera égale à $v-v'$. Si v est plus grand que v', le bateau remonte le courant; si v est plus petit que v', le bateau se déplace par rapport à la rive, dans le sens du courant, avec une vitesse égale à $v'-v$. Enfin, si $v=v'$, la vitesse résultante est nulle, et le bateau reste en place par rapport à la rive.

133. — On peut étendre la même règle à la composition d'un nombre quelconque de mouvements uniformes suivant la même ligne droite. On déterminera d'abord le mouvement résultant des deux premiers; on composera ensuite ce mouvement résultant avec le troisième, et ainsi de suite. On verrait ainsi que la vitesse du mouvement résultant final est égale à la somme algébrique des vitesses des mouvements proposés.

Composition de deux mouvements rectilignes uniformément variés suivant la même droite

134. — Ce cas de composition de deux mouvements est très-important; nous aurons à nous en servir plus tard en dynamique.

Imaginons un mobile parcourant la droite XY (fig. 118) d'un mouvement uniformément varié, et la droite elle-même glissant dans le même sens d'un mouvement uniformément varié. Soit M la position du mobile sur la droite à une certaine époque, v_0 sa vitesse et w son accélération; soit aussi v'_0 la vitesse de translation de la droite à la même époque, et w' son accélération. Au bout du temps t, le mobile a parcouru sur la droite une longueur MM' égale à $v_0 t + \frac{wt^2}{2}$; en même temps, le point M' de la droite est venu en M'' et a parcouru un espace M'M'' égal a $v'_0 t + \frac{w't^2}{2}$. Le mobile se trouve en M'', le déplacement résultant est MM'', et l'on a

X M M' M'' Y

Fig. 118.

$$MM'' = MM' + M'M'' = v_0 t + \frac{wt^2}{2} + v'_0 t + \frac{w't^2}{2},$$

$$MM'' = (v_0 + v'_0) t + \frac{(w+w') t^2}{2}.$$

Le mouvement résultant est donc aussi uniformément accéléré, la vitesse initiale V_0 de ce mouvement est égale à la somme $v_0 + v'_0$ des vitesses initiales des mouvements proposés; la vitesse V au temps t est

$$V = v_0 + v'_0 + (w+w') t = (v_0 + wt) + (v'_0 + w't).$$

On voit qu'elle est encore égale à la somme des vitesses des mouvements proposés.

L'accélération W du mouvement résultant est

$$W = w + w';$$

elle est aussi égale à la somme des accélérations des mouvements proposés.

On verrait, de même, que les formules qui précèdent conviennent à tous les cas qui peuvent se présenter. Il suffit de considérer comme positives les vitesses et les accélérations qui sont comptées dans un sens, dans le sens XY par exemple, et, comme négatives, les vitesses et les accélérations qui sont comptées en sens contraire.

Composition de deux mouvements rectilignes et uniformes dans deux directions différentes

135. — Cherchons maintenant à composer deux mouvements rectilignes et uniformes de directions quelconques. Pour nous représenter ces deux mouvements simultanés, imaginons qu'un mobile se meut d'un mouvement uniforme sur une droite OX (fig. 119), pendant que la droite se meut d'un mouvement de translation uniforme parallèlement à une autre droite OY.

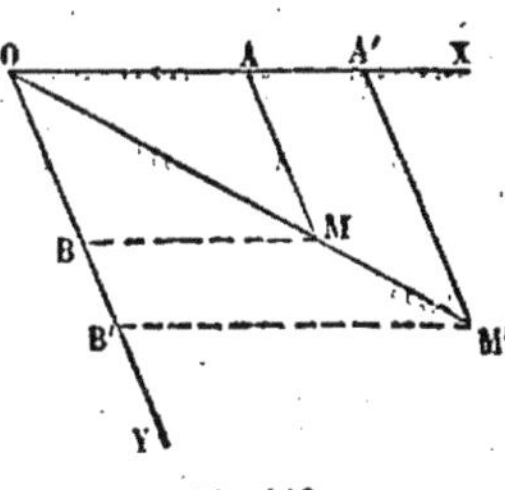

Fig. 119.

Soit O la position du mobile à une certaine époque, v la vitesse du mobile sur la droite OX, et v' la vitesse de translation de cette droite. Au bout du temps t, le mobile a parcouru sur la droite OX une longueur OA égale à vt; en même temps, le point O de cette droite a parcouru une longueur OB égale à $v't$, et le point A de la même droite a parcouru aussi une longueur AM égale et parallèle à OB; le mobile se trouve donc en M. On aurait de même la position M' du mobile au bout du temps t' en prenant une longueur OA' égale à vt', et en menant parallèlement à OY une droite A'M' égale à $v't'$.

On peut déterminer ainsi à chaque instant la position du mobile, on connaît donc son mouvement.

Je dis d'abord que la trajectoire est *rectiligne*. En effet, on a, pour le temps t,

$$OA = vt, \quad AM = v't,$$

et, pour le temps t',

$$OA' = vt', \quad A'M' = v't'.$$

On déduit de ces équations

$$\frac{OA}{OA'} = \frac{AM}{A'M'} = \frac{t}{t'}.$$

Joignons le point O aux deux points M et M', nous formerons ainsi les deux triangles OAM et OA'M'. Ces deux triangles ont l'angle A égal à l'angle A' comme correspondants, et ces deux angles sont compris entre côtés proportionnels ; les deux triangles sont donc semblables, l'angle AOM est égal à l'angle A'OM', et, par suite, les trois points O, M, M' sont en ligne droite. Les différentes positions du mobile étant constamment situées sur une même ligne droite, on en conclut déjà que le mouvement résultant est rectiligne.

Les mêmes triangles donnent la proportion

$$\frac{OM}{OM'} = \frac{OA}{OA'} = \frac{t}{t'}.$$

Les espaces OM et OM', parcourus pendant les temps t et t', étant proportionnels aux temps, on voit que le mouvement résultant est *uniforme*.

Il est facile de déterminer la vitesse du mouvement résultant. Supposons que le temps t soit égal à l'unité, la longueur OA, étant l'espace parcouru par le mobile sur la droite OX pendant l'unité de temps, représentera la vitesse v du mobile sur cette droite ; de même, AM est la vitesse v' de translation de la droite. Le mobile est au point M au bout de l'unité de temps, OM représente donc la vitesse V du mouvement résultant ; on voit que OM est la diagonale du parallélogramme construit sur les deux droites OA et AM.

Donc, *le mouvement résultant de deux mouvements rectilignes et uniformes est aussi rectiligne et uniforme, et la vitesse du mouvement résultant est représentée en grandeur et en direction par la diagonale du parallélogramme construit sur les vitesses des deux mouvements proposés.*

Cette vitesse V s'appelle la vitesse *résultante* des deux vitesses v et v' qu'on appelle les *composantes.*

136. — On voit que la règle à suivre pour composer deux vitesses est la même que pour composer deux forces. On peut aussi composer un nombre quelconque de mouvements rectilignes et uniformes. Pour cela, on composera d'abord les deux premiers mouvements, puis le mouvement résultant des deux premiers avec le troisième, et ainsi de suite. Il est clair que le mouvement résultant final sera rectiligne et uniforme, puisque chacun des mouvements résultants partiels est rectiligne et uniforme. On obtient la vitesse résultante V par la même méthode que si l'on cherchait la résultante d'un nombre quelconque de forces appliquées à un même point.

Soit O (fig. 120) la position du mobile à une certaine époque, v, v', v'', v''' les vitesses de quatre mouvements à composer. Par l'extrémité A de la droite OA qui représente la première vitesse v, menons une droite AB′ égale et parallèle à la seconde vitesse v'; la droite OB′ sera la diagonale du parallélogramme construit sur les vitesses v et v', elle représentera donc la résultante V_1 de ces deux vitesses. Menons ensuite la droite B′C′ égale et parallèle à la troisième vitesse v''; OC′ représentera la résultante V_2 des deux vitesses V_1 et v'', et, par suite, la résultante des trois vitesses v, v', v''. Menons enfin la droite C′D′ égale et parallèle à v'''; OD′ représentera la vitesse résultante V des quatre vitesses proposées.

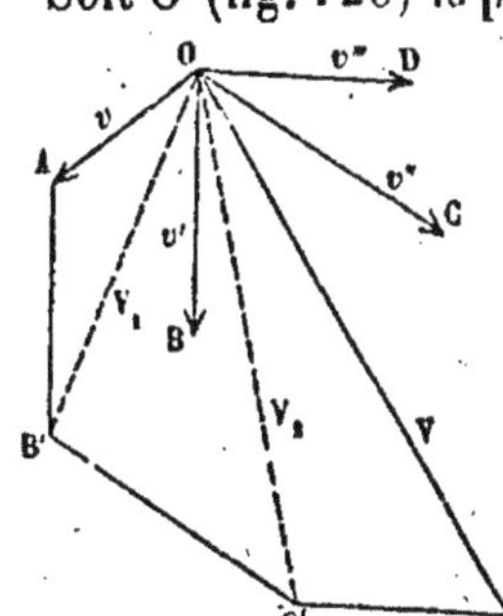

Fig. 120.

Donc, *pour composer un nombre quelconque de mouvements rectilignes et uniformes, on construit un polygone qui a pour côtés les vitesses de tous les mouvements proposés ; la ligne qui ferme le polygone représente en grandeur et en direction la vitesse du mouvement résultant.*

La vitesse résultante est nulle, et, par suite, le mobile est au repos, quand le polygone ainsi construit est fermé.

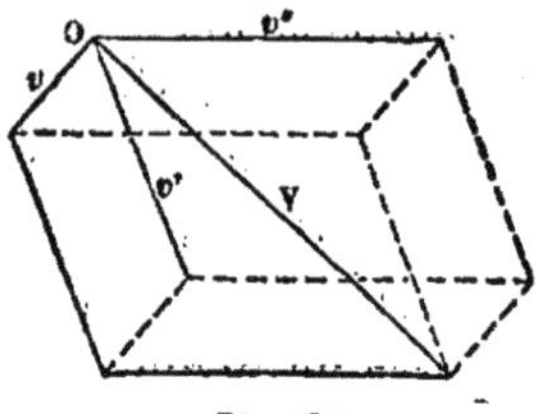

Fig. 121.

Lorsque l'on a à composer trois mouvements, la vitesse résultante V (fig. 121) est la diagonale du parallélipipède construit sur les vitesses composantes v, v', v''.

137. — Nous pouvons établir entre les vitesses composantes et leur résultante les mêmes relations que nous avons établies entre les forces (20).

Le triangle OAC (fig. 122), dans lequel les côtés OA et AC représentent les vitesses composantes v et v', donne

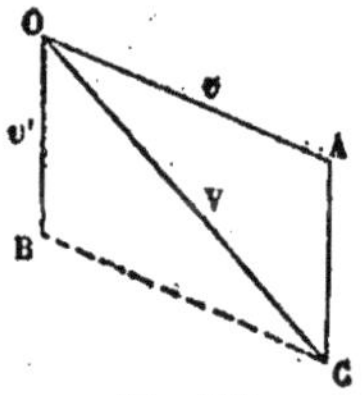

$$\overline{OC}^2 = \overline{OA}^2 + \overline{AC}^2 - 2 \, . \, OA \, . \, AC \, . \cos OAC.$$

Fig. 122.

Désignant par (v, v') l'angle AOB formé par les directions des deux vitesses composantes v et v', on a

$$\cos OAC = - \cos AOB = - \cos (v, v');$$

ce qui donne

$$V^2 = v^2 + v'^2 + 2vv' \cos (v, v').$$

Si les deux vitesses composantes sont rectangulaires, le cosinus est nul, et il vient

$$V^2 = v^2 + v'^2.$$

Dans ce cas, le carré de la vitesse résultante est égal à la somme des carrés des vitesses composantes.

On peut remarquer aussi que si les vitesses sont parallèles et de même sens, il vient

$$V^2 = v^2 + v'^2 + 2vv',$$

et, par suite,

$$V = v + v'.$$

Si les vitesses composantes sont parallèles et de sens contraires, on a

$$V^2 = v^2 + v'^2 - 2vv',$$

et, par suite,

$$V = v - v'.$$

Ces résultats sont d'accord avec ce que nous avons dit plus haut sur la composition de deux mouvements uniformes suivant la même droite.

Quand on a à composer trois vitesses perpendiculaires deux à deux, le parallélipipède construit sur ces trois vitesses est rectangle; alors le carré de la diagonale est égal à la somme des carrés des trois arêtes issues d'un même sommet, ce qui donne

$$V^2 = v^2 + v'^2 + v''^2;$$

le carré de la vitesse résultante est égal à la somme des carrés des vitesses composantes.

138. — Appliquons encore cela à un exemple. Un bateau marche sur un fleuve, d'un mouvement rectiligne et uniforme, avec une vitesse OA (fig. 123), et, en même temps, le courant l'entraîne avec une vitesse OB; le mouvement du bateau par rapport à la rive a lieu suivant la diagonale OC du parallélogramme construit sur les deux vitesses OA et OB, avec une vitesse représentée par OC. Le bateau parti du point O d'une rive atteindra l'autre rive au point D.

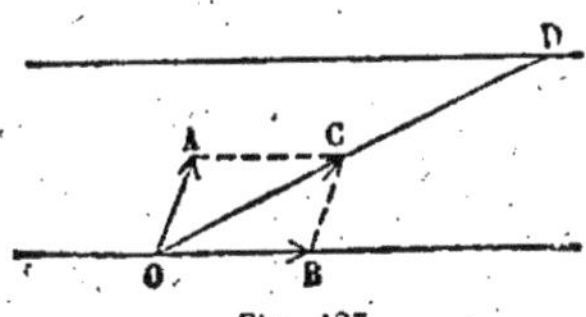

Fig. 123.

Décomposition d'une vitesse en plusieurs autres

139. — Quand un mobile est animé d'un certain mouvement, on peut considérer ce mouvement comme résultant de deux ou plusieurs mouvements simultanés. Si le mouvement proposé est rectiligne et uniforme, on peut le décomposer en deux ou plusieurs mouvements rectilignes et uniformes, et décomposer la vitesse de ce mouvement en deux ou plusieurs vitesses composantes.

Les lois seront les mêmes que pour la décomposition d'une force en plusieurs autres.

Si l'on veut décomposer une vitesse en deux autres situées dans un même plan avec la vitesse proposée, la question donnera encore lieu à plusieurs problèmes différents. En effet, on peut se donner, comme pour les forces (21) :

1° Les directions des deux vitesses composantes ;

2° La grandeur et la direction de l'une des composantes ;

3° Les grandeurs des deux vitesses composantes ;

4° La grandeur d'une composante et la direction de l'autre.

Dans les deux premiers cas, le problème est toujours possible et n'admet qu'une solution. Dans le second cas, quand le problème est possible, il admet deux solutions symétriques. Enfin, dans le troisième cas, le problème admet deux solutions, ou une seule, ou bien est impossible.

140. — Considérons, par exemple, un bateau qui marche sur un fleuve, du point O (fig. 124) d'une rive au point D de l'autre rive, d'un mouvement rectiligne et uniforme, avec une vitesse OC ; la direction du mouvement du bateau sur l'eau est OX : on demande la vitesse du bateau par rapport à l'eau, et la vitesse du courant. Les directions des vitesses composantes sont données. Il suffit de mener CA parallèle à la rive, et CB parallèle à OX ; OA sera la vitesse du bateau par rapport à l'eau, et OB la vitesse du courant.

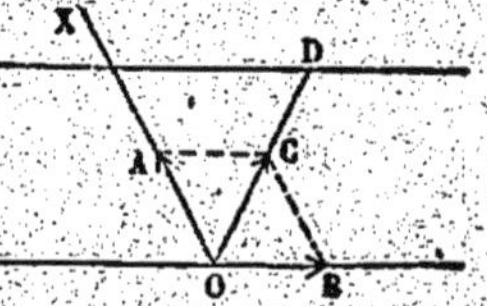

Fig. 124.

Quelle vitesse faut-il donner au bateau pour qu'il aille du point O au point D, avec une vitesse donnée OC, la vitesse du courant étant OB? On connaît la grandeur et la direction d'une des composantes. Il suffit de joindre CB; la droite OA, égale et parallèle à BC, sera la vitesse cherchée.

Le problème peut se présenter sous d'autres formes. Par exemple, cherchons quelle direction il faut donner à un bateau marchant avec une vitesse donnée, pour qu'il traverse le fleuve suivant la ligne OD (fig. 125), la vitesse du courant étant OB. Supposons le problème résolu, et soit OA la direction du bateau : il faut que la résultante OC de la vitesse du courant et de la vitesse du bateau soit dirigée suivant OD. Pour déterminer le point C, décrivons du point B comme centre, avec un rayon égal à la vitesse du bateau, un arc de cercle qui coupera la ligne OD en C, joignons BC et menons OA parallèle à BC; nous aurons ainsi déterminé la direction du bateau. Il y a en général deux solutions, car l'arc de cercle décrit du point B comme centre coupe la droite OD en deux points C et C', ce qui détermine pour le bateau deux directions OA et OA'. Dans le premier cas, la vitesse résultante est OC; dans le second cas, elle est seulement OC', le bateau arrivera encore au point D, mais au bout d'un temps plus long.

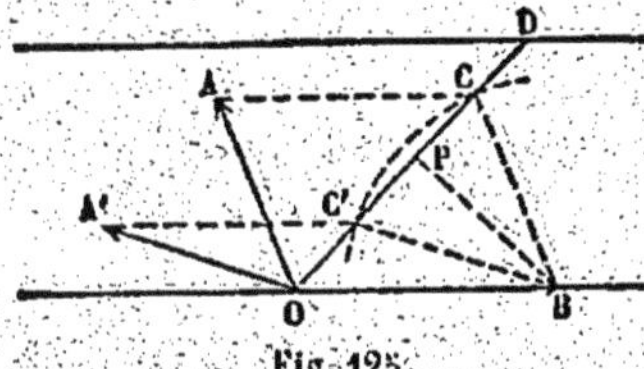

Fig. 125.

Si le point C' tombe sur le prolongement de DO, la seconde solution ne répond évidemment pas à la question. Enfin le problème est impossible si la vitesse du bateau est plus petite que la perpendiculaire BP abaissée du point B sur la droite OD.

Mouvements apparents.

141. — Quand un mobile a un certain mouvement dans un système, ce mouvement est celui qu'apercevrait un observateur faisant partie du système; on l'appelle *mouvement apparent* du mobile dans le système. On peut se proposer de déterminer le mouvement apparent d'un mobile dans un système A, quand on connaît le mouvement du mobile dans un système B, et le mouvement simultané du système A dans le système B. Pour cela il suffit de remarquer que le mouvement du mobile dans le système B est le mouvement résultant du mouvement apparent du mobile dans le système A, et du mouvement du système A dans le système B.

Supposons que le mouvement du mobile dans le système B est rectiligne et uniforme, avec une vitesse égale à OC (fig. 126), et que le système A a un mouvement de translation rectiligne et uniforme avec une vitesse égale à OB. La vitesse OC est la résultante de la vitesse OA du mobile dans le système A, et de la vitesse OB du système A dans le système B; il suffit donc, pour déterminer OA, de décomposer la vitesse OC en deux, dont l'une OB est connue en grandeur et en direction. Nous avons déjà résolu cette question plus haut.

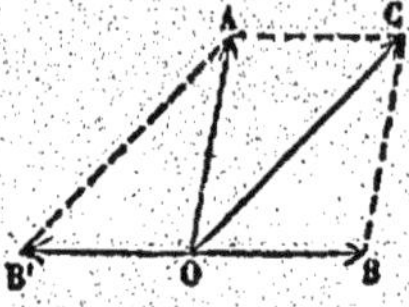

Fig. 126

On présente souvent la solution de ce problème sous une autre forme. La vitesse OA peut être considérée comme la résultante de la vitesse OC, et d'une vitesse OB' égale et contraire à la vitesse OB.

Donc, *pour déterminer la vitesse apparente d'un mobile dans un système A, quand on connaît le mouvement de ce mobile dans un système B, et le mouvement de translation du système A dans le système B, il faut composer la vitesse de ce mobile dans le système B, avec une vitesse égale et contraire à la vitesse de translation du système A dans le système B.*

142. — Nous avons déjà donné un exemple de cette décomposition de mouvement en cherchant la vitesse d'un bateau par rapport à l'eau d'un fleuve quand on connaît la vitesse du bateau par rapport à la rive, et la vitesse du courant.

Imaginons encore deux bateaux situés sur un lac, l'un en O, l'autre en O' (fig. 127), et marchant tous deux d'un mouvement rectiligne et uniforme, le premier avec une vitesse OA, le second avec une vitesse O'A'. Proposons-nous de déterminer le mouvement relatif du premier bateau par rapport au second, c'est-à-dire le mouvement qu'aurait le premier bateau aux yeux d'un observateur placé sur le second.

Il suffit de composer la vitesse OA du premier bateau avec une vitesse égale et de sens contraire à la vitesse O'A' du second; pour cela nous mènerons la droite AB égale et parallèle à O'A', OB sera la vitesse apparente du premier bateau par rapport au second. De même, en menant la droite A'B' égale et parallèle à OA, on obtiendra la vitesse apparente O'B' du second bateau par rapport au premier. Ces deux vitesses apparentes OB et O'B' sont égales, parallèles et de sens contraires.

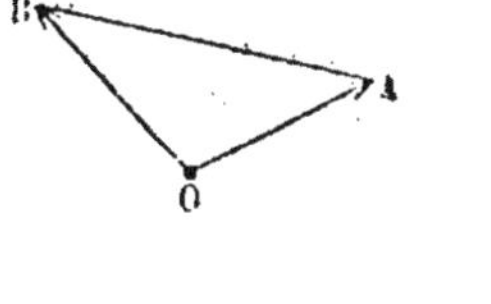

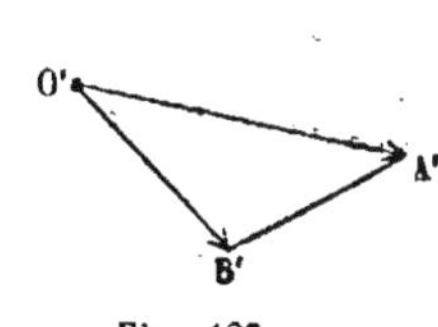

Fig. 127.

Si les deux bateaux marchent sur deux droites parallèles et dans le même sens, la vitesse apparente est égale à la différence des vitesses de chacun d'eux; si les vitesses des deux bateaux sont égales, la vitesse apparente est nulle, les deux bateaux restent à la même distance l'un de l'autre. Si les vitesses, étant parallèles, sont de sens contraires, la vitesse apparente est égale à leur somme; on sait, en effet, que quand deux trains de chemin de fer se rencontrent sur deux voies parallèles, chacun d'eux paraît avoir une vitesse considérable aux yeux des observateurs placés dans l'autre.

Ces considérations permettent de résoudre facilement un grand nombre de questions. Par exemple, un bateau placé en O (fig. 128) marche dans une direction OD avec une vitesse v, représentée par OA; un second bateau placé en O' a une vitesse v'; on demande quelle direction il faut donner à ce second bateau pour qu'en marchant d'un mouvement rectiligne et uniforme, il rencontre le premier.

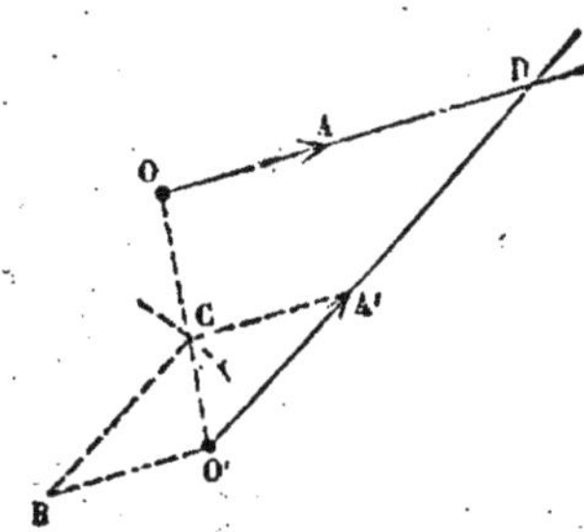

Fig. 128.

Pour que la rencontre ait lieu, il faut que la vitesse relative du second bateau par rapport au premier soit dirigée vers le premier, c'est-à-dire suivant la droite O'O. Menons la droite O'B égale et parallèle à OA, décrivons du point B comme centre, avec un rayon égal à v', un arc de cercle qui coupera la ligne O'O en un point C; le second bateau devra marcher suivant une droite O'A parallèle à BC, et la rencontre aura lieu au point D.

On peut de même se donner la vitesse OA du premier bateau et le point de rencontre D, et se proposer de déterminer la grandeur et la direction de la vitesse que doit avoir le second bateau pour que la rencontre ait lieu en ce point. Il est clair que la vitesse du second bateau est aussi dirigée vers le point D, et on obtiendra sa grandeur en menant la droite O'B égale et parallèle à OA, puis BC parallèle à O'D; la vitesse O'A' du second bateau est égale à BC.

Accélération dans le mouvement curviligne

143. — Nous pouvons maintenant étudier de plus près la nature du mouvement curviligne. Supposons qu'un mobile décrive une courbe quelconque ML (fig. 129). Soit M sa position

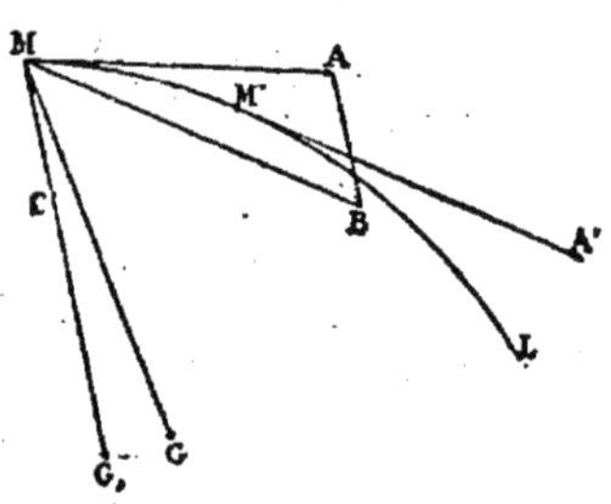

Fig. 129.

à l'époque t et MA sa vitesse, laquelle est tangente à la courbe (124); soient, de même, M' la position du mobile et M'A' sa vitesse au temps t'.

Par le point M menons la droite MB égale et parallèle à M'A'. La vitesse M'A', ou MB, du mobile à l'époque t' peut être considérée comme la résultante de la vitesse primitive MA et d'une vitesse MC égale et parallèle à AB ; cette dernière contribue à produire en même temps le changement de grandeur et de direction de la vitesse primitive,

Le quotient $\frac{MC}{t'-t}$ est *l'accélération moyenne* du mobile pendant l'intervalle du temps $t'-t$; c'est une longueur MG_1, portée dans la direction de MC.

L'accélération moyenne MG_1 varie d'une manière continue, en grandeur et en direction, avec l'intervalle du temps $t'-t$. Elle tend vers une limite déterminée MG, lorsque l'intervalle de temps $t'-t$ diminue de plus en plus.

La droite MG représente, en grandeur et en direction, *l'accélération* du mobile à l'époque t.

Pour mieux faire comprendre l'existence de cette limite, menons à partir d'un point fixe O (fig. 130) une droite Om égale

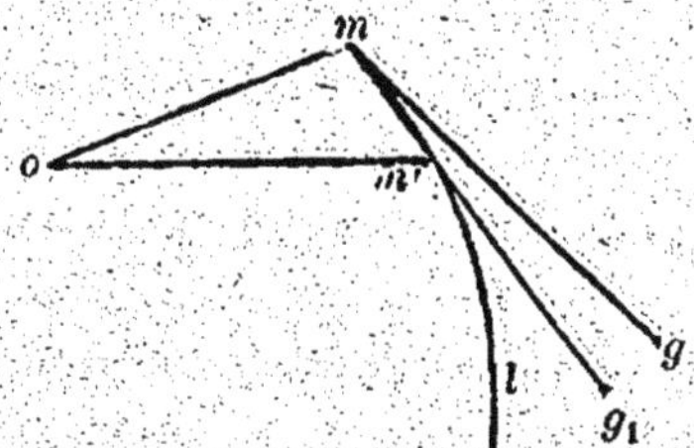

Fig. 130.

et parallèle à la vitesse MA du mobile au temps t, puis une droite Om' égale et parallèle à la vitesse M'A' à l'époque t', et ainsi de suite ; les extrémités de ces droites successives forment une courbe continue ml. On peut imaginer qu'un second mobile, décrivant cette courbe, se trouve respectivement aux points $m, m', \ldots$ en même temps que le mobile proposé occupe les points correspondants M, M',... Le triangle mOm' ayant ses côtés Om et Om' respectivement égaux et parallèles aux côtés MA et MB du triangle AMB, la droite mm' est égale et parallèle à AB ou MC et l'on a

$$\frac{MC}{t'-t}=\frac{mm'}{t'-t},$$

c'est-à-dire que l'accélération moyenne MG_1 du premier mobile, pendant le temps $t' - t$, est égale et parallèle à la vitesse moyenne correspondante mg_1 du mobile auxiliaire.

Si l'intervalle de temps $t' - t$ diminue de plus en plus, la vitesse moyenne mg_1 du mobile auxiliaire tend vers une limite mg, qui est tangente au point m à la trajectoire ml. Cette limite est la vitesse du second mobile ; elle reste égale et parallèle à la limite MG. Ainsi l'accélération d'un mobile sur une courbe peut être représentée par la vitesse d'un mobile auxiliaire sur une courbe correspondante.

Prenons, comme exemple, le cas du mouvement circulaire uniforme. Soient R le rayon du cercle, M (fig. 131) la position

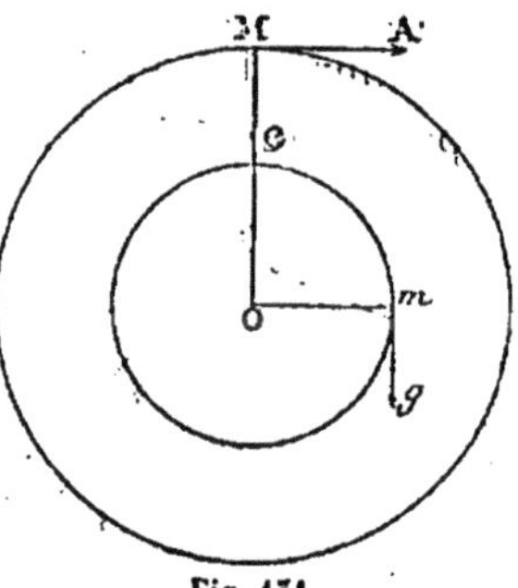

Fig. 131.

du mobile au temps t et $MA = V$ sa vitesse. Menant par le centre O du cercle la droite Om égale et parallèle à V, le point m sera la position correspondante du mobile auxiliaire. Ce dernier décrit également une circonférence et sa vitesse $mg = w$ est perpendiculaire à Om, c'est-à-dire parallèle à MO. Les deux circonférences sont parcourues pendant le même temps par les deux mobiles, puisque les rayons OM et Om sont toujours perpendiculaires. Leurs vitesses sont donc proportionnelles aux rayons et l'on a :

$$\frac{V}{R} = \frac{mg}{Om} = \frac{w}{V},$$

ou

$$w = \frac{V^2}{R}.$$

Ainsi l'accélération dans le mouvement circulaire uniforme est égale au quotient du carré de la vitesse par le rayon et dirigée vers le centre. On l'appelle souvent *accélération centripète.*

En désignant par ω la vitesse angulaire du mobile (**125**), on a $V = \omega R$ et l'accélération centripète peut s'écrire

$$w = \omega^2 R;$$

elle est égale au produit du rayon par le carré de la vitesse angulaire.

EXERCICES

1. Trouver l'expression de la vitesse dans un mouvement tel que l'espace parcouru par le mobile soit représenté par at^3.

2. Trouver le mouvement résultant de deux mouvements rectilignes dans lesquels les espaces parcourus sont représentés par at^n et bt^n. — Montrer que le mouvement résultant est rectiligne et que l'espace parcouru dans ce mouvement est aussi proportionnel à t^n. — C'est la généralisation de la question traitée au n° 134.

3. Un mobile animé d'un mouvement uniformément varié parcourt 23 mètres pendant la 11ᵉ seconde après son départ et 25 mètres pendant la 12ᵉ. Déterminer l'accélération et la vitesse initiale du mobile.

4. Un mobile parcourt une droite d'un mouvement uniformément accéléré avec une vitesse initiale de 10 mètres par seconde et une accélération de 3 mètres; un second mobile part du même point 5 secondes après le premier avec une vitesse initiale nulle et une accélération de 10 mètres. Au bout de quel temps les deux mobiles seront-ils ensemble et quel chemin auront-ils parcouru ?

DYNAMIQUE

CHAPITRE PREMIER

LOIS EXPÉRIMENTALES

144. — Nous avons considéré jusqu'ici les forces dans le cas où elles se font équilibre; nous avons ensuite étudié le mouvement en lui-même indépendamment des causes qui le produisent, c'est-à-dire des forces.

La *cinématique* est une sorte de géométrie particulière qui n'emprunte rien à l'expérience et qui repose sur les seules idées d'espace et de temps; la *statique* fait intervenir une notion nouvelle qui est l'idée de la force. Il nous reste maintenant à étudier les relations qui existent entre les forces et les mouvements qu'elles peuvent imprimer aux corps sur lesquels elles agissent, ou les modifications qu'elles apportent dans le mouvement.

L'étude des forces à ce point de vue constitue la *dynamique;* elle repose sur des principes ou lois fondamentales auxquelles on a été conduit par l'observation. Ces lois sont au nombre de deux : la première est connue sous le nom de *loi de l'inertie;* la seconde est la *loi des mouvements relatifs.*

Loi de l'inertie

145. — La loi de l'inertie comprend deux parties :

1° *Quand un point matériel est en repos dans l'espace, si aucune cause extérieure n'agit sur lui, il reste en repos;*

2° *Quand un point matériel est en mouvement dans l'espace, si aucune cause extérieure n'agit sur lui, son mouvement est rectiligne et uniforme.*

On admet sans difficulté la première partie de la loi; nous observons constamment que les corps au repos restent au repos quand on les abandonne à eux-mêmes, et que, s'ils se mettent en mouvement, c'est qu'ils ont été sollicités par une force quelconque. L'expérience de tous les jours, au contraire, semble contredire la seconde partie de la loi. Une boule lancée sur un sol uni marche en ligne droite, mais sa vitesse diminue progressivement et la boule ne tarde pas à s'arrêter. Cette diminution progressive de vitesse est due aux inégalités du sol et à la résistance de l'air. Lançons la boule sur un plan de glace ou de marbre parfaitement poli, elle marchera pendant plus longtemps, et sa vitesse diminuera d'autant moins vite que la surface sera plus polie. On conçoit donc que si l'on pouvait supprimer d'une manière absolue le frottement de la bille contre le plan, et aussi la résistance de l'air, cette bille marcherait indéfiniment en ligne droite, avec une vitesse constante, c'est-à-dire que son mouvement serait rectiligne et uniforme. Nous admettrons donc aussi la seconde partie de la loi.

Nous pouvons déduire de là quelques conséquences. Quand un point matériel est en repos, il reste en repos jusqu'à ce qu'une force agisse sur lui pour le mettre en mouvement. Si un point matériel est animé d'un mouvement rectiligne et uniforme, c'est qu'il n'est soumis à aucune force; mais si le mouvement n'est pas rectiligne et uniforme, c'est qu'une force agissant sur le mobile change à chaque instant la grandeur et la direction de sa vitesse. Quand le mouvement est rectiligne et non uniforme, la force agit toujours suivant la droite que décrit le mobile, dans le sens de la vitesse du mobile, ou en sens contraire, suivant que la vitesse va en augmentant ou en diminuant. Quand le mouvement est curviligne, c'est que la direction de la force est à chaque instant oblique à la direction de la vitesse du mobile; elle fait dévier le mobile du côté vers lequel elle agit. Dans les deux cas, aussitôt que la force cesse d'agir, le mouvement devient rectiligne et uniforme.

Loi des mouvements relatifs

146. — La seconde loi dont nous devons nous servir peut être énoncée ainsi :

Quand un système de points matériels se meut dans l'espace d'un mouvement de translation, si une force agit sur l'un des points en particulier, le mouvement relatif que la force imprime à ce point dans le système, est indépendant du mouvement général du système; ce mouvement relatif est le même que si le système était au repos.

On peut vérifier cette loi par l'expérience, dans le cas où le mouvement de translation du système est rectiligne et uniforme. Par exemple, quand nous sommes placés dans un train qui marche avec une vitesse constante et que nous exerçons des efforts sur les objets qui font partie du train, nous remarquons que nous leur imprimons les mêmes déplacements que si le train était en repos, c'est-à-dire que si le mouvement de translation du système n'existait pas. Nous admettrons aussi ce principe dans le cas où le mouvement de translation du système n'est pas rectiligne et uniforme, bien qu'il soit très-difficile de le vérifier directement. Du reste, toutes les conséquences que l'on peut déduire de ces deux principes qui servent de base à la dynamique sont constamment vérifiées par l'expérience : on doit donc admettre que les deux principes sont vrais.

Mouvement d'un point matériel soumis à une force constante en grandeur et en direction

147. — Supposons d'abord que le point matériel parte du repos. Soit O (fig. 132) sa position initiale, OX la direction de la force; il est évident que ce point sera toujours situé sur la droite OX, et par conséquent le mouvement sera rectiligne. Au bout d'un certain intervalle de temps θ, le mobile est arrivé en A, il a parcouru la longueur OA et a acquis une vitesse égale à a. Si, à partir de ce moment, la force F qui le sollicite cessait d'agir, le mobile M continuerait à se mouvoir en ligne droite avec une vitesse constante égale à a.

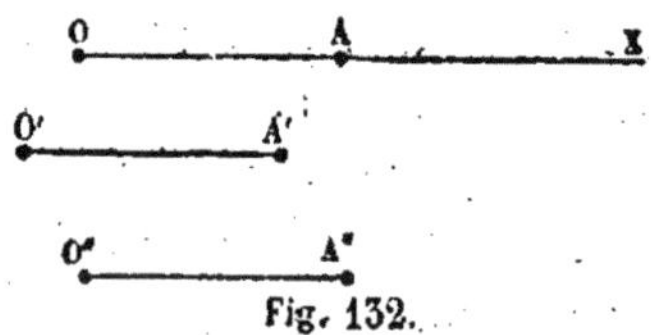

Fig. 132.

Imaginons maintenant plusieurs points matériels M', M"... égaux au premier, situés d'abord en O', O".. et soumis à des forces F', F''... égales et parallèles à la force F. Tous ces points, au bout du temps θ, auront parcouru des droites O'A', O''A''... égales et parallèles à OA, et auront acquis des vitesses égales et parallèles à la vitesse a. Si toutes les forces F, F', F''... cessent d'agir au bout du temps θ, tous ces points formeront un système animé d'un mouvement de translation rectiligne et uniforme. Supprimons seulement les forces F', F''..., et laissons la force F agir encore pendant un nouvel intervalle de temps égal à θ. Le mobile M fait alors partie d'un système animé d'un mouvement de translation, et le mouvement relatif que la force F lui imprime dans le système est le même que si le système était au repos; au bout de ce nouveau temps θ, le mobile aura parcouru dans le système un espace égal à OA, et acquis une vitesse relative a. Sa vitesse absolue sera égale à la vitesse relative a, plus la vitesse a de translation du système, laquelle est parallèle et de même sens; elle sera donc $2a$. Au bout d'un temps double, la force F a donc imprimé au mobile M une vitesse double.

De même, faisons agir les forces F', F''... sur les mobiles M', M''... pendant le temps 2θ; chacun d'eux aura acquis une vitesse égale à $2a$; supprimons alors ces forces et laissons la force F agir pendant un nouvel intervalle de temps θ sur le mobile M. Ce mobile acquerra une nouvelle vitesse relative égale à a ; par suite, sa vitesse absolue sera $a + 2a$ ou $3a$.

En continuant ainsi, on voit que pendant chaque intervalle de temps égal à θ la vitesse du mobile augmente d'une quantité constante a; le mouvement est donc uniformément accéléré. Appelons w la vitesse acquise par le mobile au bout de l'unité de temps, v la vitesse au bout du temps t, et e l'espace parcouru pendant le temps t, on aura

$$v = wt, \quad e = \frac{wt^2}{2}.$$

148. — Si le mobile, au lieu de partir du repos, est animé d'une vitesse initiale v_0 parallèle à la direction de la force et de même sens, on peut concevoir que ce mobile fait partie d'un système animé d'un mouvement de translation rectiligne et uniforme avec une vitesse égale à v_0. Sous l'influence de la force F agissant pendant le temps θ, le mobile acquerra dans le système une vitesse relative a, et par suite sa vitesse au bout du temps θ sera $v_0 + a$. Au bout du temps 2θ, la vitesse du mobile serait de même $v_0 + 2a$; on voit qu'elle croît encore de quantités égales en des temps égaux, et que le mouvement est uniformément accéléré. Appelons w l'accroissement de vitesse pendant l'unité de temps, v la vitesse au bout du temps t, et e l'espace parcouru pendant le temps t, on aura

$$v = v_0 + wt; \quad e = v_0 t + \frac{wt^2}{2}.$$

Si la vitesse initiale v_0 du mobile est parallèle et de sens contraire à la direction de la force, on peut encore concevoir qu'il fait partie d'un système animé d'un mouvement de translation rectiligne et uniforme avec une vitesse égale à v_0. La vitesse relative a acquise par le mobile dans ce système au bout du temps θ sous l'influence de la force F étant de sens contraire à la vitesse du système, la vitesse absolue du mobile sera égale à $v_0 - a$. On verrait ainsi que la vitesse diminue de quantités égales en des temps égaux, et, par suite, que le mouvement est uniformément retardé. Dans ce cas, les formules précédentes deviennent

$$v = v_0 - wt; \quad e = v_0 t - \frac{wt^2}{2}.$$

Donc, *quand une force constante en grandeur et en direction agit sur un mobile partant du repos, ou animé d'une vitesse initiale parallèle à la direction de la force, le mobile prend un mouvement rectiligne uniformément varié.*

Ce mouvement est accéléré ou retardé suivant que la force agit dans le sens de la vitesse initiale ou en sens contraire.

149. — Réciproquement, *tout mouvement rectiligne uniformément varié est produit par une force constante en grandeur et en direction.*

En effet, quand un mobile est animé d'un mouvement rectiligne uniformément varié, on peut déjà en conclure qu'il est soumis à une force, puisque le mouvement n'est pas rectiligne et uniforme. En second lieu, la variation de vitesse, pendant un intervalle de temps θ, peut être considérée comme la vitesse relative acquise par le mobile dans un système animé d'un mouvement de translation rectiligne et uniforme. Or, les variations de vitesse du mobile que nous considérons sont constamment égales et de même sens pendant des temps égaux. Donc la force qui agit sur lui est constamment capable de donner, pendant le même temps, une même vitesse à un même mobile partant du repos; par suite, cette force est constante en grandeur et en direction.

150. — La chute du corps dans le vide nous en offre un exemple remarquable. Nous savons par expérience que des corps différents abandonnés à eux-mêmes à la même hauteur tombent sur le sol avec des vitesses différentes; une feuille de papier, par exemple, tombe beaucoup plus lentement qu'une balle de plomb. Dans le vide, au contraire, tous les corps mettent le même temps pour tomber de la même hauteur, et leur mouvement est uniformément accéléré. Comme la cause qui fait tomber un corps est son poids, on en conclut que le poids d'un corps est une force constante, indépendante de la hauteur à laquelle le corps est situé. On désigne ordinairement par g l'accélération du mouvement que prend un corps en tombant librement dans le vide. Cette accélération n'est pas absolument la même en tous les points de la surface de la terre, mais les variations qu'elle éprouve sont très-faibles, et on peut les négliger dans les applications de la mécanique. A Paris, la valeur de g est égale à $9^m,8096$, ou sensiblement $9^m,8$.

Mouvement d'un point matériel soumis à deux forces constantes et de même direction

151. — Soient deux forces F et F' agissant dans la même direction sur un même point matériel M d'abord en repos; appelons w et w' les accélérations des mouvements que ces deux forces imprimeraient au mobile si elles agissaient seules. Concevons plusieurs points matériels M′, M″... égaux au premier, partant aussi du repos, et soumis chacun à l'action d'une force égale et parallèle à la force F. Tous ces points formeront un système animé d'un mouvement de translation rectiligne et uniformément accéléré, dont l'accélération sera égale à w. Supposons maintenant que la force F′ agisse en même temps sur le point M de ce système, le mouvement relatif qu'elle lui imprimera dans le système sera le même que si le système était au repos; ce sera aussi un mouvement rectiligne uniformément accéléré dont l'accélération sera égale à w'.

Le mobile peut donc être considéré comme animé d'un mouvement rectiligne uniformément accéléré dans un système qui se meut aussi d'un mouvement rectiligne uniformément accéléré suivant la même direction. Nous savons (134) que le mouvement résultant est rectiligne, uniformément accéléré, et que l'accélération est égale à la somme $w + w'$ des accélérations des mouvements composants.

Donc, *quand deux forces constantes et de même direction agissent simultanément sur un même point matériel partant du repos, elles lui impriment un mouvement rectiligne uniformément accéléré, dont l'accélération est égale à la somme des accélérations des mouvements que les forces imprimeraient séparément au mobile.*

Si les deux forces agissent en sens contraires, l'accélération du mouvement du mobile est égale à la différence des accélérations w et w', et de même sens que la plus grande. En convenant de considérer comme positive l'accélération de la force qui agit dans un sens et comme négative l'accélération de la force qui agit en sens contraire, on peut dire que l'accélération du mobile est égale à la somme algébrique $w + w'$.

Si le mobile, au lieu de partir du repos, est animé d'une vitesse initiale parallèle à la direction des forces F et F′, le théorème est encore vrai.

Enfin, si le mobile est soumis à un nombre quelconque de forces constantes, suivant la même droite, on voit que l'accélération qu'il possédera sera égale à la somme des accélérations dues à toutes les forces agissant séparément. Lorsque ces forces ne sont pas dirigées dans le même sens, l'accélération du mobile est égale à la somme algébrique des accélérations dues séparément à toutes les forces.

Proportionnalité des forces aux accélérations

152. — *Les accélérations produites par deux forces constantes agissant séparément sur un même point matériel, sont proportionnelles aux forces.*

Soient F et F' ces deux forces, w et w' les accélérations des mouvements qu'elles imprimeraient séparément à un même point matériel partant du repos.

Supposons d'abord que ces deux forces aient une commune mesure f, contenue n fois dans la force F, et n' fois dans la force F', on aura

$$[1] \qquad F = nf, \quad F' = n'f.$$

Appelons u l'accélération du mouvement que la force f imprimerait au même point matériel. La force F, étant égale à n forces égales à f, donnera au mobile une accélération égale à nu, d'après le théorème précédent. De même, la force F', étant égale à $n'f$, donnera au mobile une accélération égale à $n'u$; on aura donc aussi

$$[2] \qquad w = nu, \quad w' = n'u.$$

Les équations [1] et [2] donnent

$$\frac{F}{F'} = \frac{n}{n'}, \quad \frac{w}{w'} = \frac{n}{n'};$$

par suite,

$$\frac{F}{F'} = \frac{w}{w'}.$$

Le rapport des forces F et F′ est donc égal au rapport des accélérations qu'elles imprimeraient à un même point matériel.

Cette relation a lieu quelque petite que soit la commune mesure f des deux forces proposées ; par suite, elle est vraie pour deux forces quelconques, même quand ces forces n'ont pas de commune mesure.

Définition de la masse

153. — Les corps, que nous avons supposés réduits à de simples points matériels, n'éprouvent pas tous les mêmes effets de la part des forces qui leur sont appliquées. Une même force, agissant successivement sur deux points matériels différents, imprimera à chacun d'eux un mouvement uniformément accéléré, mais l'accélération ne sera pas la même dans les deux cas. C'est cette influence du point matériel que nous allons préciser.

Considérons différentes forces constantes F, F′, F″,... agissant séparément sur un même point matériel, et appelons $w, w', w'', \ldots$ les accélérations qu'elles produiraient. On a, d'après le théorème précédent,

$$\frac{F}{F'} = \frac{w}{w'}, \quad \frac{F}{F''} = \frac{w}{w''}, \ldots$$

On en déduit

$$\frac{F}{w} = \frac{F'}{w'} = \frac{F''}{w''} = \ldots,$$

Donc, *quand plusieurs forces agissent séparément sur un même point matériel, il y a un rapport constant entre chaque force et l'accélération qu'elle produit.* Ce rapport constant varie d'un point matériel à l'autre, on l'appelle la *masse* du point matériel. On a donc, par définition, en appelant m la masse d'un point matériel, et w l'accélération que lui communique la force F,

$$m = \frac{F}{w}.$$

154. — La masse d'un corps est la somme des masses des différentes molécules qui le composent. Nous avons vu que la pesanteur imprime la même accélération g à tous les corps qui tombent librement dans le vide. Si le corps que nous considérons tombe librement sous l'influence de son poids P, il prendra un mouvement uniformément accéléré dont l'accélération sera g, et l'on aura encore

$$m = \frac{P}{g}.$$

On voit que la masse d'un corps est proportionnelle à son poids ; ce résultat s'accorde bien avec l'idée qu'on se fait généralement de la masse d'un corps. Nous pouvons, d'après cela, définir l'unité de masse ; c'est la masse d'un corps qui pèse g kilogrammes. En effet, on a, dans ce cas,

$$m = \frac{g}{g} = 1.$$

155. — La relation

$$m = \frac{F}{w}$$

va nous permettre de faire encore quelques remarques importantes. On en tire d'abord

$$F = mw,$$

et

$$w = \frac{F}{m}.$$

Une force est égale au produit de la masse sur laquelle elle agit par l'accélération qu'elle lui imprime, et l'accélération est égale au quotient de la force par la masse.

Considérons une seconde force F′ capable d'imprimer à une masse m' une accélération w' ; on aura de même

$$F' = m'w',$$

et

$$[1] \qquad \frac{F}{F'} = \frac{mw}{m'w'}$$

Faisons dans cette équation [1], $w = w'$, il vient

$$\frac{F}{F'} = \frac{m}{m'}.$$

Deux forces sont entre elles comme les masses auxquelles elles impriment la même accélération.

Appelons v la vitesse du mobile m au bout du temps t, en supposant qu'il parte du repos, et v' la vitesse acquise au bout du même temps par le mobile m' partant aussi du repos; nous aurons

$$v = wt, \quad v' = w't.$$

L'équation [1] peut s'écrire :

$$[2] \qquad \frac{F}{F'} = \frac{mwt}{m'w't} = \frac{mv}{m'v'}.$$

Le produit mv s'appelle la *quantité de mouvement* du mobile m. Donc, *deux forces sont entre elles comme les quantités de mouvement qu'elles communiquent pendant le même temps à un mobile partant du repos.*

Si les vitesses v et v' sont égales, on a encore

$$\frac{F}{F'} = \frac{m}{m'}.$$

Deux forces sont entre elles comme les masses auxquelles elles communiquent la même vitesse au bout du même temps.

Enfin, faisons $F = F'$ dans l'équation [2], il vient

$$mv = m'v', \quad \text{ou} \quad \frac{m}{m'} = \frac{v'}{v}.$$

Une même force agissant pendant le même temps sur deux

masses différentes leur imprime des vitesses qui sont en raison inverse des masses.

Comme application de ce dernier résultat, nous citerons les effets produits par l'explosion de la poudre dans les armes à feu La poudre, en brûlant dans un fusil, produit des gaz qui chassent la balle hors du canon, mais qui en même temps poussent le fusil en sens contraire avec une vitesse beaucoup plus faible, puisque la masse est plus considérable. On voit par là que la vitesse de recul d'une arme à feu, pour une quantité de poudre donnée et pour un projectile donné, sera d'autant plus faible que le poids de l'arme sera plus grand.

Mouvement produit par une force variable

150. — On peut maintenant se faire une idée des forces capables de produire un mouvement rectiligne quelconque (**123**) ou plus généralement un mouvement curviligne (**143**).

Le mobile, situé au point M (*fig.* 129), dans un mouvement curviligne, et animé d'une vitesse MA, peut encore être considéré comme faisant partie d'un système animé d'un mouvement de translation rectiligne et uniforme, et soumis à l'action d'une force qui, pendant le temps $t'-t$, lui imprime, dans le système, une vitesse MC, laquelle, combinée avec la vitesse MA du système, reproduira la vitesse réelle MB du mobile à l'époque t'.

La vitesse finale est ainsi la même que si le mobile avait été soumis, pendant l'intervalle de temps $t'-t$, à une force constante parallèle à la direction MC et capable de donner au mobile l'accélération $\frac{MC}{t'-t}$ ou MG_1. Le produit $m \times MG_1$ de la masse m du mobile par l'accélération moyenne MG_1 représente la *force moyenne* pendant le temps $t'-t$; cette force est parallèle à l'accélération moyenne.

Lorsque l'intervalle de temps $t'-t$ diminue de plus en plus, la force moyenne tend vers la valeur $m \times MG$.

Ainsi, dans un mouvement quelconque, *la force est à chaque instant égale au produit de la masse du mobile par l'accélération et parallèle à cette accélération.*

Quand un mobile décrit une circonférence de rayon R avec une vitesse V, par exemple, l'accélération est à chaque instant dirigée vers le centre de la circonférence et égale à $\frac{V^2}{R}$ (**143**). Pour qu'un mobile de masse m soit animé d'un pareil mouvement, il faut donc qu'il soit constamment soumis à une force dirigée vers le centre et égale à $m\frac{V^2}{R}$ ou $m\omega^2R$; c'est la *force centripète.*

Quand on fait tourner rapidement un corps attaché à l'extrémité d'une corde, son mouvement est sensiblement circulaire et uniforme. La force centripète est la tension de la corde et provient de l'effort que fait la main pour la retenir. Si le corps pèse 1 kilogramme et décrit une circonférence de 1 mètre de rayon avec une vitesse de 10 mètres par seconde, la force centripète a pour expression :

$$\frac{P}{g}\cdot\frac{V^2}{R}=\frac{1}{9,8}\cdot\frac{10^2}{1}=10,2 \text{ kilogrammes.}$$

Si la corde se brise ou quitte la main, le mobile part comme un projectile, avec une vitesse initiale V, tangente à la circonférence au point qui correspond à la rupture du fil; tel est le cas de la fronde. Le mouvement du mobile serait alors rectiligne et uniforme, en vertu du principe de l'inertie, s'il était soustrait à la pesanteur et à la résistance de l'air.

CHAPITRE II

PROBLÈMES SUR LA PESANTEUR

157. — Nous avons dit (**150**) que les corps qui tombent librement dans le vide ont un mouvement uniformément accéléré. Quand un corps tombe dans l'air, sa vitesse diminue constamment à cause de la résistance de l'air; mais pour les corps qui ont une densité très grande, comme le plomb, cette altération est très faible tant que la vitesse n'est pas considérable. Dans tout ce qui va suivre, nous ne tiendrons pas compte de la résistance de l'air, et les résultats auxquels nous arriverons seront très sensiblement vérifiés par l'expérience, surtout pour les corps qui ont une grande densité. Nous ne tiendrons pas compte non plus des dimensions des corps, nous les supposerons réduits à des points matériels. La question revient donc à trouver le mouvement d'un point matériel soumis à une force constance.

Mouvements verticaux

158. — Considérons d'abord un mobile partant du repos et tombant en chute libre, sans vitesse initiale. Appelons v la vitesse du mobile au bout du temps t, et h la hauteur dont il est tombé pendant le même temps, c'est-à-dire l'espace parcouru; on aura

$$[1] \qquad v = gt, \quad h = \frac{gt^2}{2}.$$

Ces deux formules permettent de résoudre plusieurs problèmes. Elles donnent déjà la vitesse acquise par le mobile au bout du temps t, et la hauteur de chute h.

Résolvant ces équations par rapport au temps, il vient

$$[2] \qquad t = \frac{v}{g}, \quad t = \sqrt{\frac{2h}{g}};$$

ce qui détermine le temps employé par un corps pour acquérir une vitesse v, ou pour tomber d'une hauteur h.

Éliminant t entre les deux équations [1], on a

$$[3] \qquad h = \frac{v^2}{2g}, \quad \text{ou} \quad v = \sqrt{2gh}.$$

La première formule donne la hauteur d'où doit tomber un mobile pour acquérir une vitesse v; la seconde donne la vitesse d'un mobile qui est tombé d'une hauteur h. On appelle souvent cette vitesse la *vitesse due à la hauteur* h.

159. — Si le corps, au lieu de partir du repos, est animé d'une vitesse initiale verticale, ce corps est encore soumis à son poids, qui est une force constante parallèle à la vitesse initiale. Le mouvement est encore uniformément varié, avec la même accélération g; il est accéléré ou retardé, suivant que la vitesse initiale est dirigée de haut en bas ou de bas en haut.

Si le corps est lancé de haut en bas avec une vitesse initiale v_0, la vitesse v du mobile au bout du temps t et l'espace parcouru e seront donnés par les équations

$$[4] \qquad v = v_0 + gt,$$

$$[5] \qquad e = v_0 t + \frac{gt^2}{2},$$

lesquelles peuvent donner lieu à plusieurs problèmes.

160. — Enfin, quand le corps est lancé de bas en haut avec une vitesse initiale v_0, les formules deviennent

$$[6] \qquad v = v_0 - gt,$$

$$[7] \qquad e = v_0 t - \frac{gt^2}{2}.$$

Le mobile partant du point A (fig. 133), sa vitesse va en diminuant jusqu'à devenir nulle; alors le mobile, arrivé au point B par exemple, s'arrête, puis retombe d'un mouvement uniformément accéléré, avec la même accélération. Ces deux formules conviennent à une époque quelconque, si l'on a soin de considérer la vitesse comme positive ou négative, suivant qu'elle est dirigée de bas en haut ou de haut en bas, et l'espace parcouru comme positif ou négatif, suivant qu'il est compté, à partir du point A, de bas en haut ou de haut en bas.

Fig. 133.

Quand le mobile cesse de monter, sa vitesse est nulle; on a alors

$$[8] \qquad 0 = v_0 - gt, \quad \text{ou} \quad t = \frac{v_0}{g};$$

c'est le temps que met un mobile animé d'une vitesse initiale de bas en haut égale à v_0 pour parvenir au point le plus élevé.

On obtiendra la hauteur h à laquelle il est parvenu, en substituant cette valeur du temps dans la formule [7], qui donne l'espace parcouru. Il vient

$$[9] \qquad h = \frac{v_0^2}{g} - \frac{v_0^2}{2g} = \frac{v_0^2}{2g}.$$

On peut remarquer que cette hauteur h est la hauteur dont le mobile aurait dû tomber pour acquérir la vitesse v_0. De plus, la comparaison des formules [2] et [8] montre que le mobile met le même temps pour s'élever du point A au point B que pour tomber du point B au point A.

161. — Considérons un point M sur la distance AB ; le mobile passe deux fois au point M, une fois en montant, et une fois en descendant; la vitesse v que possède le mobile au point M en montant est égale à celle qu'il possède lorsqu'il passe par le même point en descendant. En effet, cette vitesse v permet au mobile de s'élever de la hauteur MB ; elle est égale, comme nous venons de le voir, à celle que le mobile acquiert en tombant de la même hauteur BM ; par suite, elle est égale à celle que possède le mobile au point M en descendant. Le temps employé pour parcourir la longueur MB est le même, que le mobile monte ou descende ; par suite, le temps reste également le même pour l'espace AM, parcouru dans un sens ou en sens contraire.

On peut d'ailleurs vérifier ces résultats sur les formules. En éliminant t entre les équations [6] et [7], on obtient

$$v^2 = v_0^2 - 2ge,$$

e représentant la longueur AM ; on voit que cette équation donne pour la vitesse v deux valeurs égales et de signes contraires. L'équation [6] donne aussi

$$t - \frac{v_0}{g} = -\frac{v}{g}.$$

Comme $\frac{v_0}{g}$ est le temps que met le mobile pour arriver au point B, $t - \frac{v_0}{g}$ représente le temps compté à partir du moment où le mobile est en B, au point le plus haut. La vitesse v au point M ayant deux valeurs égales et de signes contraires, il en résulte que le premier membre a deux valeurs égales et de signes contraires. Par suite, le temps employé par le mobile pour monter de M en B est le même que pour descendre de B en M.

Mouvement sur un plan incliné

162. — Considérons un point matériel pesant M (fig. 134) situé sur un plan incliné AB qui fait un angle α avec l'horizon. Ce point matériel est soumis à son poids P qui est une force verticale et à la réaction N du plan incliné. Si nous admettons, comme nous l'avons fait déjà (25), qu'il n'y ait aucune force analogue au frottement, la réaction du plan est normale à la surface et dirigée vers l'extérieur. Comme les deux forces P et N qui agissent sur le mobile ne sont pas directement opposées, leur résultante n'est pas nulle, le mobile se met en mouvement et ce mouvement a lieu, par raison de symétrie, suivant la ligne de plus grande pente du plan incliné. La vitesse initiale ayant la même direction que la résultante des forces qui agissent sur le mobile, cette résultante est parallèle au plan incliné; nous obtiendrons cette force en menant par l'extrémité de la force MD une normale DE au plan; la résultante est ME.

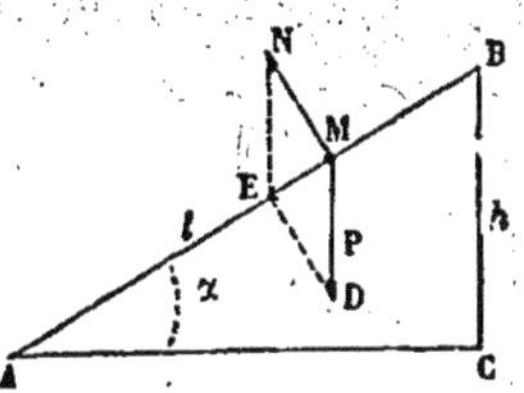

Fig. 131.

Le triangle rectangle MDE, dont l'angle en D est égal à l'inclinaison α du plan, donne la relation

$$ME = MD \times \sin\alpha = P\sin\alpha.$$

Cette force étant constante, le mouvement sera uniformément accéléré; l'accélération w étant égale au quotient de la force par la masse $\frac{P}{g}$ du mobile (151), on a

$$w = \frac{P\sin\alpha}{\frac{P}{g}} = g\sin\alpha.$$

La vitesse v du mobile au bout du temps t et l'espace e qu'il a parcouru sont donnés par les équations

[1] $$v = g\sin\alpha . t,$$

[2] $$e = \frac{1}{2} g\sin\alpha . t^2.$$

163. — Désignons par l la longueur BA du plan incliné, par

h sa hauteur BC, et supposons que le mobile ait mis le temps t pour descendre du point B au point A; on a alors

$$l = \frac{1}{2} g \sin\alpha . t^2,$$

$$h = l \sin\alpha.$$

On en déduit

[3] $$h = \frac{1}{2} g \sin^2\alpha . t^2.$$

Éliminons le temps t entre les équations [1] et [3], il vient

$$h = \frac{v^2}{2g}, \quad \text{ou} \quad v = \sqrt{2gh}.$$

Cette formule est la même que celle que nous avons obtenue (158) pour la chûte libre.

Donc, *quand un mobile descend sur un plan incliné sans frottement, la vitesse qu'il a acquise au bas de la chûte est la même que si ce mobile était tombé verticalement de la même hauteur.*

L'équation [3] donne

$$t^2 = \frac{2h}{g \sin^2\alpha};$$

elle montre que la durée de la chute est d'autant plus grande que l'inclinaison α du plan incliné sur l'horizon est plus faible. On peut donc, en choisissant cette inclinaison d'une manière convenable, ralentir autant qu'on le veut le mouvement; c'est là précisément le moyen qu'a imaginé Galilée pour déterminer par expérience les lois de la chute des corps. Si le mouvement ainsi obtenu est assez lent pour que l'on puisse mesurer aisément l'espace parcouru et le temps employé à le parcourir, l'équation [2], permettra de calculer l'accélération g en chute libre.

164. — Si un mobile placé sur un plan incliné est animé d'une vitesse initiale v dirigée suivant la ligne de plus grande pente, le mouvement sera encore uniformément varié; la vitesse v et l'espace parcouru e au bout du temps t seront donnés par les équations

$$v = v_0 + g \sin \alpha . t,$$

$$e = v_0 t + \frac{1}{2} g \sin \alpha . t^2.$$

Ces formules donnent lieu aux mêmes observations que celles qui ont été faites pour le cas d'un mobile lancé suivant la verticale (159, 160 et 161). Le mouvement est accéléré ou retardé, suivant que v_0 est positif ou négatif, c'est-à-dire suivant que le mobile est lancé, suivant la ligne de plus grande pente du plan incliné, de haut en bas ou de bas en haut.

Mouvement des projectiles

165. — Considérons encore, comme application de la loi des mouvements relatifs, le cas du mouvement des projectiles.

Un mobile est lancé du point O (fig. 135) avec une vitesse v_0

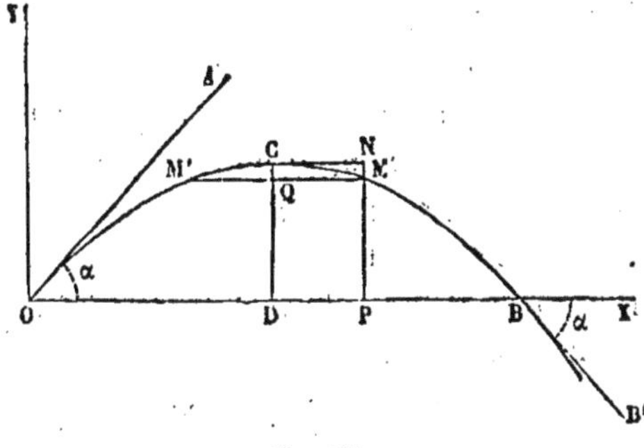

Fig. 135.

dans une direction OA qui fait un angle α avec l'horizon; ce mobile est soumis à l'action de la pesanteur, il s'agit de déterminer son mouvement.

Prenons pour plan de figure le plan vertical qui passe par la vitesse initiale; il est clair que le mobile, par raison de symétrie, restera dans ce plan. Décomposons la vitesse initiale du mobile en deux autres, l'une horizontale et l'autre verticale; la première sera égale à $v_0 \cos \alpha$ et la seconde à $v_0 \sin \alpha$.

Considérons un système de points matériels animés d'un mouvement commun de translation horizontale avec une vitesse égale à $v_0 \cos \alpha$ dans la direction OX. Le mobile proposé peut être considéré comme faisant partie de ce système, dans lequel il est animé d'une vitesse verticale égale à $v_0 \sin \alpha$ et, en même temps, soumis à l'action de la pesanteur.

En vertu de la loi des mouvements relatifs (146), le mouvement du mobile dans le système sous l'influence de la pesanteur est le même que si le système était en repos. En appelant y l'espace parcouru par le mobile dans le système, suivant la verticale, pendant le temps t, on a (160)

[1] $$y = v_0 \sin \alpha . t - \frac{gt^2}{2}.$$

Pendant ce même temps t, le système a parcouru horizontalement un espace x donné par l'équation

[2] $$x = v_0 \cos \alpha . t.$$

Pour avoir la position du mobile au temps t, il suffit maintenant de prendre une horizontale OP égale à x, c'est-à-dire à l'espace parcouru par le système, et d'élever au point P une verticale PM égale à l'espace y parcouru par le mobile dans le système. Faisant la même construction pour différentes époques, on pourra ainsi tracer par points la trajectoire OMB du mobile.

166. — Sans connaître d'abord la nature de la trajectoire, on peut déterminer les principales circonstances du mouvement. Ainsi cherchons le point B, où le projectile frappe le plan horizontal mené par le point de départ; la distance OB est ce qu'on appelle l'*amplitude* du jet. A ce moment, la valeur de PM ou de y est nulle, et l'équation [1] se réduit à

$$v_0 \sin \alpha . t = \frac{gt^2}{2}.$$

Il en résulte pour le temps deux valeurs

$$t' = 0,$$
$$t'' = \frac{2v_0 \sin\alpha}{g}.$$

La première solution t' donne le point de départ O, la seconde le point B. En portant la valeur de t'' dans l'équation [2], il vient

$$[3] \qquad OB = v_0 \cos\alpha \frac{2v_0 \sin\alpha}{g} = \frac{v_0^2 \sin 2\alpha}{g}.$$

Au point B la composante verticale de la vitesse est dirigée de haut en bas, égale et de signe contraire à celle du point de départ (158) ; comme la vitesse horizontale est constante, la résultante de ces deux vitesses, c'est-à-dire la vitesse réelle du mobile, est égale à la vitesse initiale v_0 et dirigée suivant une droite BB' qui fait avec l'horizon le même angle α.

On verrait, de même, qu'en deux points M et M' de la trajectoire situés à la même hauteur, les vitesses du mobile sont égales et font des angles égaux avec l'horizon ; il suffit pour cela de considérer le mobile comme partant du point M' avec la vitesse qu'il possède en ce point.

On voit par la formule [3] que l'amplitude du jet est maximum quand $\sin 2\alpha$ est égal à l'unité, c'est-à-dire quand l'angle α est égal à 45°.

167. — La hauteur maximum DC, à laquelle s'élève le mobile, s'obtient en considérant seulement le mouvement du mobile dans le système ; elle est donnée (160) par l'équation

$$DC = \frac{v_0^2 \sin^2\alpha}{2g},$$

et l'époque t_1, à laquelle le mobile arrive au point C, le plus élevé de la trajectoire, est

$$t_1 = \frac{v_0 \sin\alpha}{g}.$$

On voit que l'on a

$$t_1 = \frac{t''}{2};$$

comme le mouvement horizontal est uniforme, il en résulte que le point D est situé au milieu de OB et que la courbe est symétrique par rapport à la verticale CD.

La vitesse du mobile au point C est horizontale et égale à $v_0 \cos\alpha$.

168. — Cette remarque nous permet de déterminer la nature de la trajectoire. Il suffit en effet de concevoir que le mobile part du point C avec une vitesse horizontale égale à $v_0 \cos\alpha$. Au bout d'un temps t, ce mobile aura parcouru horizontalement un espace CN égal à $v_0 \cos \alpha . t$, et, suivant la verticale, un espace NM égal à $\frac{gt^2}{2}$.

Menant MQ perpendiculaire à CD, on a donc

$$\frac{\overline{CN}^2}{NM} = \frac{\overline{MQ}^2}{CQ} = \frac{2\,v_0^2 \cos^2\alpha}{g}.$$

Comme le second membre de cette équation est constant, on voit que la courbe CMB est une *parabole* dont le sommet est en C, l'axe CD vertical, et dont le paramètre est égal à $\frac{v_0^2 \cos^2\alpha}{g}$.

EXERCICES

1. Au moment où un mobile tombe d'une hauteur de 200 mètres, on lance un autre mobile de bas en haut suivant la même verticale. Quelle doit être la vitesse initiale du second mobile pour que la rencontre ait lieu à la hauteur de 100 mètres?

2. Le son se propage dans l'air d'un mouvement uniforme avec une vitesse de 333 mètres par seconde. Déterminer la profondeur d'un puits, sachant qu'en y laissant tomber une pierre on entend le bruit de la chute 10 secondes après le moment du départ.

Avec quelle vitesse faut-il lancer la pierre pour que cet intervalle de temps soit réduit à 8 secondes?

3. On laisse tomber des mobiles du même point sur des plans inclinés différents. Démontrer qu'à une époque quelconque tous ces mobiles se trouvent sur une surface sphérique. Quel est le mouvement du centre de la sphère?

4. Déterminer le plan incliné suivant lequel il faut laisser tomber un mobile d'un point pour qu'il arrive sur un plan incliné donné pendant le temps le plus court.

5. Deux mobiles pesants, placés sur des plans inclinés adossés, sont reliés par un cordon qui passe sur une poulie située sur l'arête des plans inclinés. Déterminer le mouvement de ces mobiles.

6. On lance, du même point, des projectiles dans toutes les directions avec la même vitesse. Démontrer qu'à une époque quelconque tous ces mobiles se trouvent sur une surface sphérique. Déterminer le mouvement du centre de la sphère.

7. Un obus lancé sous l'angle de 45° fait explosion en tombant sur le sol, et l'on entend le bruit de l'explosion 50 secondes après le départ. Quelle était la vitesse initiale et à quelle distance est parvenu le projectile?

CHAPITRE III

TRAVAIL

169. — Quand on veut évaluer l'effet utile des forces employées dans l'industrie ou le travail qu'elles ont effectué, il faut tenir compte, non-seulement de leur intensité, mais encore du chemin qu'elles ont fait parcourir aux corps sur lesquels elles agissent. On a ainsi la notion du *travail mécanique* des forces; c'est une nouvelle espèce de grandeur qu'il importe de définir avec précision.

Cas où la force est constante et le déplacement dans la direction de la force

170. — Considérons d'abord une force constante en grandeur et en direction, agissant sur un point matériel qui se meut dans la direction de la force. Supposons, par exemple, qu'on veuille élever des poids à des hauteurs différentes. Si la hauteur est la même, le travail est proportionnel au poids du corps qu'on élève. Imaginons qu'on élève un poids de 2 kilogrammes à une hauteur H, on peut diviser le corps en deux parties égales chacune à

1 kilogramme, que l'on porte successivement à la hauteur H; le travail produit est évidemment double du travail nécessaire pour élever un seul kilogramme à la même hauteur. Pour un poids triple, le travail serait triple, et, en général, le travail est proportionnel au poids.

De même, quand on veut élever un même poids P à différentes hauteurs, le travail est proportionnel à la hauteur. Pour élever le poids P à 2 mètres de hauteur, on le portera d'abord à 1 mètre, et on effectuera un certain travail; on répétera le même travail en élevant de nouveau le poids P de 1 mètre; le travail est double du travail nécessaire pour élever le poids P à 1 mètre seulement; en général, le travail est proportionnel à la hauteur.

Soit T le travail nécessaire pour porter le poids P à la hauteur H, T' le travail nécessaire pour porter le poids P' à la hauteur H'; appelons T_1 le travail nécessaire pour porter le poids P à la hauteur H'. Les travaux T et T_1, nécessaires pour porter le même poids P à des hauteurs différentes H et H', sont proportionnels aux hauteurs; on a donc

$$\frac{T}{T_1} = \frac{H}{H'}.$$

De même, les travaux T_1 et T', nécessaires pour porter à la même hauteur H' des poids différents P et P', sont proportionnels aux poids; on a encore

$$\frac{T_1}{T'} = \frac{P}{P'}.$$

En multipliant ces deux égalités membre à membre, il vient

$$\frac{T}{T'} = \frac{PH}{P'H'}.$$

Les travaux nécessaires pour porter des poids différents à des hauteurs différentes sont donc proportionnels aux produits des poids par les hauteurs.

On a pris pour unité de travail le travail nécessaire pour élever un poids de 1 kilogramme à 1 mètre de hauteur, et on lui a donné le nom de *kilogrammètre*. Si l'on suppose que P' soit égal à 1 kilogramme et H′ égal à 1 mètre, le travail T′ sera l'unité de travail, et l'équation précédente devient

$$T = PH.$$

Le travail nécessaire pour élever un poids à une certaine hauteur est égal au produit du poids par la hauteur.

On a ainsi été conduit à donner la définition suivante du travail mécanique :

Quand un mobile, soumis à une force constante en grandeur et en direction, se déplace dans la direction de la force, le travail de la force est égal au produit de l'intensité de la force par le déplacement du mobile.

En prenant le kilogramme pour unité de force et le mètre pour unité de longueur, le travail est exprimé en kilogrammètres.

Il y a deux cas à distinguer, suivant que le mobile se meut dans le sens de la force ou en sens contraire. Soit A (fig. 136) le point d'application de la force, AX sa direction. Si le déplacement a lieu suivant AB, le mobile cède à l'action de la force, la force est dite *motrice* et le travail est dit *travail moteur*. Si le déplacement a lieu suivant AB′, la force résiste au mouvement ; on dit que la force est *résistante* et que le travail est un *travail résistant*. On convient de considérer le déplacement comme positif quand il a lieu dans le sens de la force, et comme négatif quand il a lieu en sens contraire. Si l'on représente par e le déplacement affecté d'un signe convenable, le travail sera

B′ A B F X

Fig. 136.

$$T = F \times e,$$

et, si l'on tient compte du signe du déplacement, on voit que le travail moteur sera positif et le travail résistant négatif.

On peut aussi considérer le déplacement comme toujours positif, et affecter la force F du signe + ou du signe —, suivant qu'elle est motrice ou résistante ; le signe du travail sera encore le même que précédemment.

Ainsi, quand on porte un corps à une hauteur H en lui appliquant une force verticale F, on produit un travail moteur égal à $F \times H$. En même temps, le poids P du corps est une force qui agit en sens contraire et qui produit un travail résistant représenté par $-P \times H$. Si l'on donne au corps une vitesse initiale et qu'on veuille l'élever d'un mouvement uniforme, il faut, d'après la loi de l'inertie (118), que la résultante des forces qui le sollicitent soit nulle. Alors la force F est égale au poids P, et le travail moteur est égal au travail résistant.

Cas où la force est constante et le déplacement rectiligne, mais incliné sur la direction de la force

171. — Supposons qu'un mobile, sollicité par différentes forces, se meuve sur une droite AX (fig. 137), et soit AB le déplacement du mobile pendant un certain temps. Considérons l'une des forces en particulier F, qui est représentée par AC; cette force fait avec le déplacement du mobile un angle α. Nous ne changerons rien au phénomène en considérant le mobile comme assujetti à se mouvoir sur la droite AX. Remplaçons alors la force F par deux, l'une

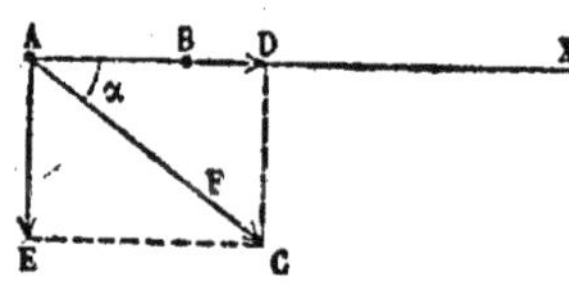

Fig. 137.

$$AD = F \cos \alpha,$$

dirigée suivant AX, l'autre

$$AE = F \sin \alpha,$$

perpendiculaire à AX. La composante normale AE sera détruite par la droite fixe et ne produira aucun travail; on peut la négliger et remplacer la force F par la composante AD. On est ainsi ramené au cas précédent; le travail de la force AD est égal à $AD \times AB$. Si l'angle α, qui fait la direction de la force F avec la direction AB du déplacement, est aigu, la composante AD est motrice, le travail est positif et représenté par

$$AB \times F \cos \alpha.$$

Si l'angle α est obtus (fig. 138), le travail est négatif et égal à $-AB \times AD$; il est encore représenté par

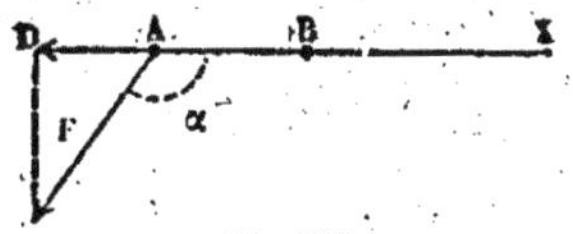

$$AB \times F \cos \alpha,$$

Fig. 138.

le cosinus étant pris avec son signe. On est ainsi conduit à la définition suivante :

Quand le point d'application d'une force constante se meut en ligne droite, on appelle *travail de cette force, le produit du déplacement de son point d'application par la projection de la force sur la direction du déplacement.*

Le travail $AB \times F \cos \alpha$ peut s'écrire sous la forme $F \times AB \cos \alpha$, et on remarque que $AB \cos \alpha$ est la projection du déplacement AB sur la direction de la force. Donc, on peut dire aussi que *le travail de la force F est égal au produit de cette force par la projection du déplacement de son point d'application sur la direction de la force.*

Supposons, par exemple, qu'on veuille élever un corps A (fig. 139) entre deux montants verticaux par une force F, faisant un angle α avec la verticale. Nous pouvons décomposer cette force en deux, l'une horizontale, qui sera détruite par les montants fixes, l'autre verticale, égale à $F \cos \alpha$. Si AB est le déplacement, le travail de la composante verticale et, par conséquent, celui de la force F sera

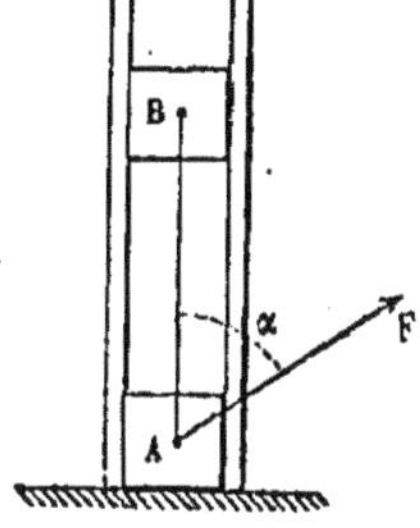

Fig. 139.

$$AB \times F \cos \alpha.$$

Si l'on veut faire monter le corps d'un mouvement uniforme, il faut que toutes les forces qui le sollicitent aient une résultante nulle. Par suite, la composante verticale $F \cos \alpha$ sera égale au poids P du corps, et le travail moteur de cette force $AB \times F \cos \alpha$ sera égal au travail résistant $-AB \times P$ du poids du corps.

Cas où la force est constante et le déplacement curviligne

172. — Considérons maintenant un mobile qui se meut sur une courbe AB (fig. 140), sous l'influence de différentes forces, et supposons que l'une de ces forces F soit constante en grandeur et en direction ; proposons-nous de déterminer le travail de cette force pour un déplacement AB du mobile. Pendant que le mobile décrit un espace très-petit MM', le déplacement est sensiblement rectiligne, le travail de la force F pendant ce temps est égal au produit de la force par la projection MC du chemin parcouru sur la direction de la force. On peut ainsi remplacer la courbe par un polygone dont le nombre des côtés augmente de plus en plus, en même temps que chacun d'eux tend vers zéro. Le travail de la force F pour le déplacement AB est égal à la somme des travaux qu'elle effectue pour chacun des petits déplacements MM', M'M'',... c'est-à-dire à la somme des produits de la force F par les projections MC, M'C' de ces déplacements sur la direction de la force. Cette somme est égale au produit de la force par la projection AB' de la courbe AB sur la direction de la force.

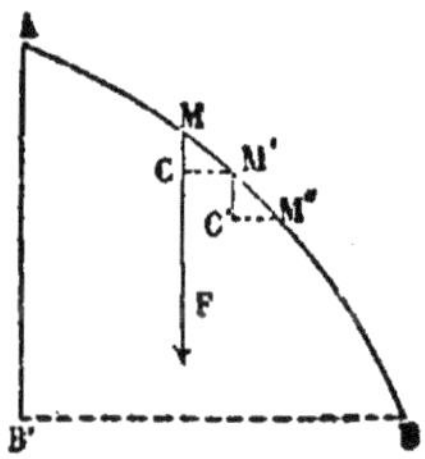

Fig. 140.

Donc, *le travail d'une force constante en grandeur et en direction est égal au produit de la force par la projection du déplacement de son point d'application sur sa direction, quel que soit ce déplacement.*

Par exemple, quand un corps pesant descend d'une certaine hauteur en suivant une courbe quelconque, le travail de la pesanteur sur ce corps est positif et égal au produit du poids du corps par la hauteur dont il est descendu. De même, si le corps s'élève, le travail de la pesanteur est négatif et égal au produit du poids du corps par la hauteur dont il a été élevé.

On arriverait de la même manière à évaluer le travail d'une force variable dont le point d'application se déplace sur une courbe quelconque.

Du travail dans les machines

173. — Nous avons vu que les machines ont pour but de vaincre certaines résistances, et nous avons considéré jusqu'ici le cas où les machines restent en équilibre sous l'action des forces qu'on leur applique et des résistances qu'elles doivent vaincre. Si une machine est en mouvement, toutes les forces auxquelles elle est soumise peuvent être divisées en deux groupes. Les unes se projettent sur le déplacement de leurs points d'application, dans le sens du déplacement : ce sont les forces motrices, leur travail est positif. Les autres se projettent en sens contraire du déplacement de leurs points d'application : ce sont les forces résistantes, leur travail est négatif.

Quand la machine se meut d'un mouvement uniforme, c'est-à-dire quand chacun des points a constamment la même vitesse, toutes les forces qui lui sont appliquées se font équilibre; les relations qui existent entre ces forces sont alors les mêmes que celles que nous avons établies pour les machines en repos. Dans ce cas, la somme des travaux des forces motrices est constamment égale à la somme des travaux des forces résistantes; en appelant T_m la première somme et T_r la seconde, on a toujours

$$T_m - T_r = 0$$

pour un déplacement quelconque de la machine. Voilà pourquoi on définit quelquefois les machines : *des instruments destinés à transmettre le travail des forces*. Quelle que soit la machine que l'on emploie, les forces motrices pourront être beaucoup plus faibles que les résistances, mais le travail effectué ne sera jamais plus grand que le travail des forces dont on dispose.

Il est important de remarquer que l'équation précédente n'est vraie que lorsque le mouvement de la machine est uniforme. Si le mouvement va en s'accélérant, une partie du travail moteur est employée à accroître la vitesse des différents points de la machine, et le travail moteur est plus grand que le travail résistant. Au contraire, si le mouvement de la machine se ralentit, la diminution de vitesse des différents points est accompagnée d'un accroissement de travail résistant, ou d'une diminution du travail moteur.

Considérons le cas très-simple où une machine n'est soumise qu'à deux forces, une force motrice P et une résistance à vaincre R. Supposons ces deux forces constantes, et appelons p et r les déplacements des points d'application projetés sur les directions des forces. Pendant que la machine se meut d'un mouvement uniforme, le travail moteur est égal au travail résistant, et l'on a

$$Pp = Rr, \quad \text{ou} \quad \frac{P}{R} = \frac{r}{p}.$$

Les forces P et R sont en raison inverse des chemins parcourus par leurs points d'application. Si, par exemple, la résistance R est cent fois plus grande, le chemin parcouru par son point d'application sera cent fois plus petit. On énonce ordinairement ce résultat en disant que *ce qu'on gagne en force, on le perd en chemin parçouru*. Réciproquement, si le chemin r parcouru par le point d'application de la résistance est cent fois plus grand, la résistance R sera cent fois plus faible. On énonce encore ce résultat en disant : *ce qu'on gagne en chemin parcouru, on le perd en force*.

Nous allons vérifier cette égalité du travail moteur et du travail résistant dans les machines que nous avons étudiées. Nous supposerons toujours le mouvement uniforme; c'est le seul cas dans lequel les relations qui existent entre les différentes forces sont les mêmes que si la machine était en repos.

Travail dans le plan incliné

174. Appelons l la longueur AB (fig. 141) du plan incliné, h la hauteur BC, et supposons que le mobile ait parcouru toute la longueur du plan incliné, en marchant de bas en haut. Le travail de la force F est un travail moteur; il est égal au produit du déplacement l par la projection F sin φ de la force sur le plan, c'est-à-dire F sin $\varphi \times l$; le travail du poids P est résistant, il est égal à

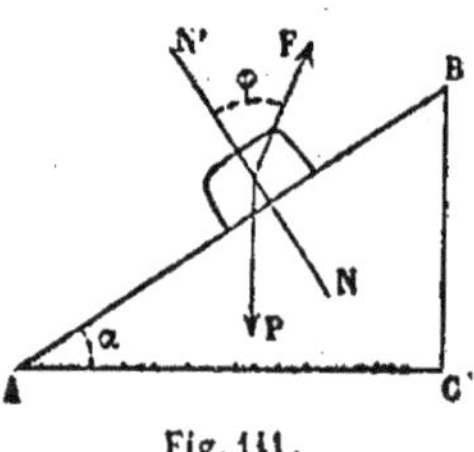

Fig. 141.

$P \times h$. On a d'ailleurs (89)

$$F \sin \varphi = P \sin \alpha.$$

En multipliant par l les deux termes de cette équation, il vient

$$Fl \sin \varphi = Pl \sin \alpha = Ph.$$

Le travail moteur est donc égal au travail résistant. Nous avons vu que la force F est la plus petite possible quand elle est parallèle au plan incliné ; on a alors

$$Fl = Ph, \quad \text{ou} \quad \frac{F}{P} = \frac{h}{l}.$$

Quand on veut élever un corps sur un plan incliné avec une force parallèle au plan, le rapport de la force F au poids du corps est égal au rapport de la hauteur du plan incliné à sa longueur.

On peut ainsi, avec une force motrice assez faible, élever de très lourds fardeaux, en se servant d'un plan incliné qui fait un angle très-petit avec l'horizon. Telles sont, par exemple, les routes qui gravissent les pentes. Mais, ce qu'il importe de remarquer, c'est que le travail dépensé est le même que si les fardeaux étaient élevés verticalement à la même hauteur.

Travail dans le levier

175. — Dans le levier, les points d'application des forces n'ont plus des déplacements rectilignes ; ces points décrivent des arcs de cercle ayant pour centre le point fixe. Mais, si l'on considère le travail pendant que le levier tourne d'un angle très-petit, le déplacement de chaque point sera sensiblement rectiligne, et on pourra en outre considérer les forces comme constantes en grandeur et en direction.

Supposons que les deux forces P et Q (fig. 142) soient appliquées aux extrémités C et D de leurs bras de levier ; quand le levier tourne d'un angle ω, le point C vient en C′, le point D en D′. L'arc CC′ étant très-petit se confond sensiblement avec la tangente CA à la circonférence ; de même DD′ est sensi-

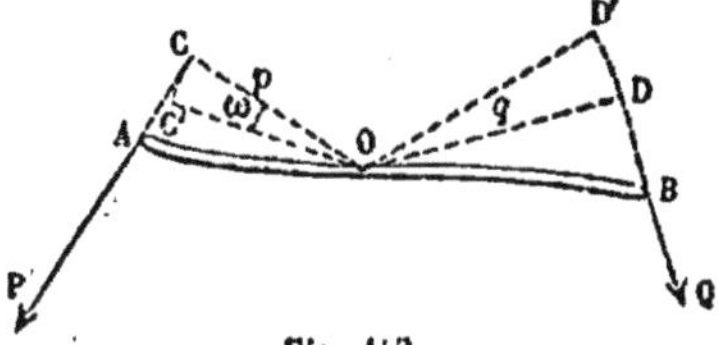

Fig. 142.

blement dans le prolongement de la droite BD. Le travail de la force P est moteur et égal à $P \times CC'$; le travail de la force Q est résistant et égal à $Q \times DD'$. On a d'ailleurs (92)

$$\frac{P}{Q} = \frac{q}{p}.$$

Les arcs CC' et DD', correspondant à des angles au centre égaux, sont proportionnels aux rayons; on a aussi

$$\frac{DD'}{CC'} = \frac{q}{p}.$$

Par suite, à cause du rapport commun,

$$\frac{P}{Q} = \frac{DD'}{CC'}, \quad \text{ou} \quad P \times CC' = Q \times DD'.$$

Le travail moteur est donc égal au travail résistant pendant que le levier se déplace très-peu.

Si maintenant le levier marche pendant le temps t, on peut décomposer ce temps t en un grand nombre d'intervalles de temps très-petits θ, pendant chacun desquels le travail moteur sera égal au travail résistant. Le travail moteur total pendant le temps t est égal à la somme des travaux moteurs pendant chaque intervalle de temps θ; il est donc égal aussi à la somme des travaux résistants pendant les mêmes intervalles de temps, et, par suite, au travail résistant total.

Travail dans la poulie fixe

176.—Soit, dans la poulie fixe (fig. 143), C le point d'application de la puissance P, et D le point d'application de la résistance Q, et supposons que la poulie tourne dans le sens de la puissance. Pendant que le point C parcourt, sur la droite AC, une certaine longueur CC', le point D parcourt sur la droite DB une longueur égale DD'. Le travail moteur es $P \times CC'$, le travail résistant est

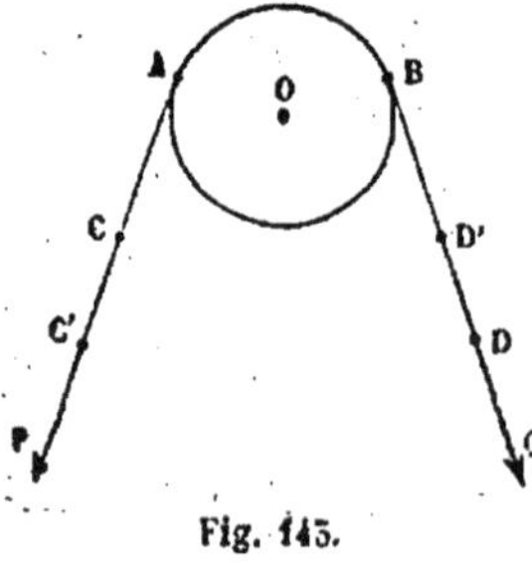

Fig. 143.

$Q \times DD'$. Nous avons vu (107) que la puissance P est égale à la résistance Q ; donc on a aussi

$$P \times CC' = Q \times DD',$$

le travail moteur est égal au travail résistant.

Travail dans la poulie mobile

177. — Considérons seulement le cas où les cordons de la poulie mobile sont parallèles et verticaux. Soit C (fig. 144) le point fixe auquel est attaché le cordon, D l'extrémité du cordon auquel est appliquée la puissance P, et supposons que le centre O de la poulie se soit élevé de la quantité OO'. Le cordon CB a diminué d'une longueur BB' égale à OO', et la distance DA a diminué aussi d'une longueur AA' égale à OO', le point D, puisque la longueur totale du cordon n'a pas changé, s'est donc élevé d'une quantité DD' égale à AA' + BB', c'est-à-dire égale à 2 OO'. Le travail moteur est égal à $P \times DD'$ ou $P \times 2\,OO'$, le travail résistant est égal à $Q \times OO'$; on a d'ailleurs (108)

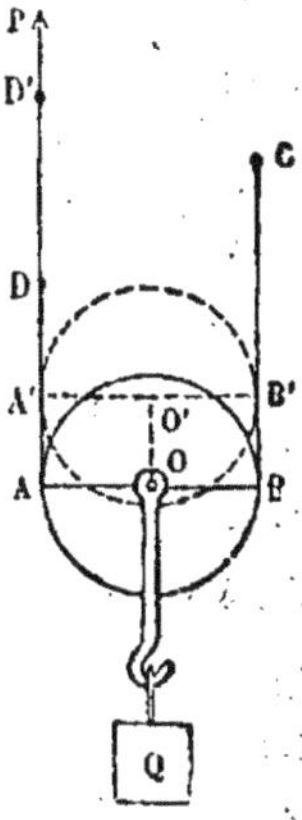

$$Q = 2P.$$

Fig. 144.

Par suite, on a aussi

$$Q \times OO' = 2P \times OO' = P \times 2\,OO'.$$

Le travail moteur est donc égal au travail résistant. On voit qu'on élève un poids Q avec une force deux fois plus faible, mais aussi le chemin parcouru par la puissance est deux fois plus grand que celui que parcourt la résistance.

Travail dans les moufles

178. — Considérons d'abord le premier genre de moufle, celui qui est composé d'une série de poulies mobiles (fig. 103).

Supposons que le poids Q, et par suite la poulie O, s'élève d'une hauteur h; d'après ce que nous venons de voir, la poulie O' se sera élevée d'une hauteur égale à $2h$, la poulie O'' de $2h \times 2$ ou $2^2 h$, et le point d'application C de la puissance P aura décrit le chemin $2^2 h \times 2$ ou $2^3 h$. En général, s'il y a n poulies, le point d'application de la puissance aura décrit le chemin $2^n h$. Le travail moteur est égal à $P \times 2^n h$; le travail résistant est égal à $Q \times h$. Mais on a entre les forces P et Q la relation (109)

$$Q = P \times 2^n;$$

par suite,

$$Q \times h = P \times 2^n h.$$

Donc encore le travail moteur est égal au travail résistant.

Dans le second genre de moufle (fig. 104), supposons que le système des poulies mobiles, et par suite la résistance Q, se soit élevé de la hauteur h, chacun des n cordons verticaux situés entre les deux systèmes de poulies aura diminué de h, et le point d'application D de la puissance P aura parcouru un chemin égal à nh. Le travail moteur sera égal à $P \times nh$, et le travail résistant égal à $Q \times h$. On a d'ailleurs $Q = nP$ (110); on a donc aussi

$$P \times nh = Q \times h,$$

et le travail moteur est égal au travail résistant.

Ici encore, comme dans le plan incliné, on peut avec une force très-faible élever un fardeau très-lourd, mais l'espace parcouru par le fardeau est très-petit par rapport au déplacement du point d'application de la force.

Travail dans le treuil

179. — Considérons enfin le travail dans le treuil.

Soient OA et OB (fig. 145) les bras de levier des forces P et Q, et supposons que le treuil ait tourné d'un certain angle ω dans le sens de la puissance P. Le point A a décrit un arc de cercle et est venu en A′, le point d'application C de la puissance s'est déplacé d'une longueur CC′ égale à l'arc AA′; le travail moteur est $P \times CC'$ ou $P \times AA'$. De même, le point B est venu en B′,

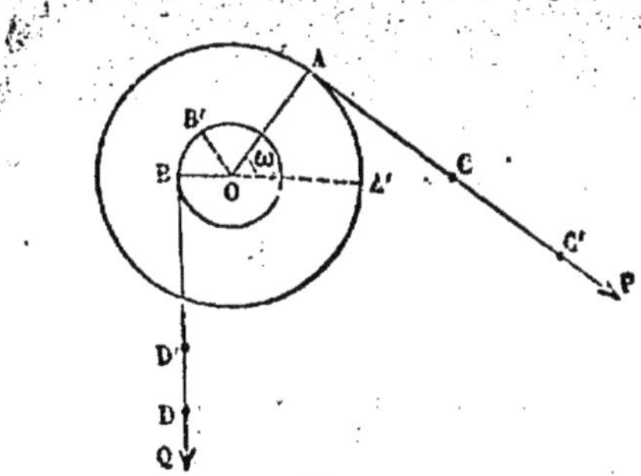

Fig. 145.

le déplacement DD′ du point d'application de la résistance Q est égal à l'arc BB′, et le travail résistant est égal à $Q \times DD'$ ou bien à $Q \times BB'$. Les deux arcs AA′ et BB′, correspondant à des angles au centre égaux, sont proportionnels aux rayons; on a donc

$$\frac{BB'}{AA'} = \frac{OB}{OA} = \frac{r}{R}.$$

On a d'ailleurs (111)

$$\frac{P}{Q} = \frac{r}{R};$$

par suite,

$$\frac{P}{Q} = \frac{r}{R} = \frac{BB'}{AA'},$$

ou bien

$$P \times AA' = Q \times BB'.$$

Le travail moteur est donc égal au travail résistant.

Cheval-vapeur.

180. — Lorsqu'on veut évaluer dans l'industrie la puissance d'un moteur qui fonctionne d'une manière continue, on indique le travail que peut accomplir ce moteur pendant un temps déterminé; cette considération donne lieu à l'emploi d'une nouvelle unité. A la suite des expériences faites, dès l'origine des machines à vapeur, pour comparer le travail de ces nouveaux appareils à celui que l'on obtenait par l'emploi des moteurs animés, on a reconnu qu'un cheval robuste, attelé à un manége, pouvait soulever, d'une manière continue, un poids de 75 kilogrammes à un mètre de hauteur pendant une seconde, c'est-à-dire effectuer un travail de 75 kilogrammètres par seconde. Par extension on dit qu'un moteur quelconque, machine hydraulique, machine à vapeur, etc., a la force d'un cheval quand elle est capable d'effectuer d'une manière continue un travail de 75 kilogrammètres par seconde ; c'est là ce qu'on appelle un *cheval-vapeur*. Un moteur a la force de 2, 3, 10, 100 *chevaux-vapeur* quand il est capable d'effectuer, pendant une seconde, un travail égal à 2, 3, 10, 100 fois 75 kilogrammètres.

Toutefois, il importe de remarquer que la valeur numérique d'un moteur en chevaux-vapeur n'indique pas exactement son utilité pratique. Un moteur animé, comme un cheval, ne travaille pas sans interruption, il est nécessaire que le temps de travail soit suivi par un temps de repos généralement beaucoup plus long ; d'autre part, les chevaux qui ont servi aux premières expériences étaient de force peu commune et effectuaient un travail notablement supérieur à la moyenne habituelle. On admet généralement qu'un cheval de trait de force moyenne est capable, sans trop de fatigue, de travailler 8 heures par jour à raison de 40 kilogrammètres par seconde. Au contraire, on suppose dans la définition du cheval-vapeur, que le moteur fonctionne sans interruption, de sorte que la journée de travail est de 24 heures. Le rapport du travail journalier du cheval-vapeur à celui d'un cheval ordinaire est donc

$$\frac{75\times 24}{40\times 8}=5,62.$$

Le travail effectué par une machine d'un cheval-vapeur fonctionnant sans interruption, est donc égal à 5 fois et demie celui que peut donner un cheval ordinaire ; une machine double équivaut à 11 chevaux. C'est sur cette base qu'il faut établir les calculs quand on veut comparer les dépenses occasionnées par l'entretien des deux espèces de moteurs.

De même, l'homme employé comme manœuvre à élever des fardeaux peut travailler pendant 8 heures par jour à raison de 8 kilogrammètres à la seconde, ce qui fait environ le cinquième d'un cheval ordinaire ou le trentième d'un cheval-vapeur.

Ajoutons, cependant, que cette comparaison est relative seulement au cas où le travail s'effectue sur place; les rapports sont considérablement modifiés et tout à l'avantage des moteurs animés dans d'autres conditions, par exemple pour tirer des fardeaux sur une route.

Force vive.

181. — Nous avons dit (173) qu'il n'y a égalité entre le travail moteur et le travail résistant dans les machines que si le mouvement est uniforme. Si le mouvement est varié, une partie du travail moteur sert à accroître la vitesse des différents organes de la machine, ou bien la diminution de vitesse de ces organes est employée à vaincre les résistances, c'est-à-dire équivaut à un travail moteur. Nous allons chercher les relations qui existent, dans les cas les plus simples, entre le travail et les changements de vitesse.

On appelle *force vive* d'un corps en mouvement le produit de la masse de ce corps par le carré de la vitesse. Si l'on appelle m la masse du mobile et v la vitesse, la force vive est mv^2.

182. — Supposons d'abord qu'une force F constante en grandeur et en direction agisse sur un mobile placé au point O (fig. 146) sans vitesse initiale. Le mobile se meut, suivant la direction OX de la force, d'un mouvement rectiligne uniformément accéléré.

O A X

Fig. 146.

L'accélération w de ce mouvement est égale au quotient $\frac{F}{m}$ de la force par la masse du mobile. Si l'on appelle v la vitesse au bout du temps t et e l'espace parcouru, on a

$$v = wt$$

$$e = \frac{1}{2} wt^2;$$

on obtient, en éliminant le temps entre ces deux équations,

$$v^2 = 2we,$$

et, par suite,

$$e = \frac{v^2}{2w} = \frac{mv^2}{2F}.$$

Le travail de la force pendant le temps considéré est égal au produit de cette force par le chemin parcouru e. En désignant ce travail par T, on déduit de l'équation précédente,

$$T = Fe = \frac{mv^2}{2}.$$

Si, à ce moment, on supprime la force, le mobile continue de se mouvoir d'un mouvement uniforme avec la vitesse v.

Ainsi, *quand une force constante agit sur un mobile partant du repos, le travail moteur effectué par la force est égal à la demi-force vive acquise par le mobile.*

183. — Inversement, supposons qu'un mobile passant au point O soit animé d'une vitesse v_0 dans la direction OX, et qu'à partir de ce moment une force constante F agisse sur lui en sens inverse; le mouvement est uniformément retardé et l'on a

$$v = v_0 - wt,$$

$$e = v_0 t - \frac{wt^2}{2},$$

$$w = \frac{F}{m},$$

Au bout du temps $t = \frac{v_0}{w}$, la vitesse est nulle, l'espace OA parcouru est alors

$$OA = \frac{v_0^2}{2w} = \frac{mv_0^2}{2F};$$

le travail de la force est négatif et égal à $-F \times OA$, ce qui donne

$$T = -F \times OA = -\frac{mv_0^2}{2}.$$

Si, à partir de ce moment, la force cesse d'agir, le corps restera en repos au point A.

Ainsi, *pour arrêter par une force constante un corps en mouvement, il faut une quantité de travail résistant égale à la demi-force vive du corps.*

184. — Supposons, d'une manière plus générale, qu'une force constante F agisse sur un mobile animé d'une vitesse initiale v_0 parallèle à la direction de la force. Le mouvement du mobile est uniformément accéléré, et l'on a

$$v = v_0 + wt,$$

$$e = v_0 t + \frac{wt^2}{2},$$

$$w = \frac{F}{m},$$

En élevant au carré la première équation, on obtient

$$v^2 = v_0^2 + 2v_0wt + w^2t^2,$$

d'où l'on tire

$$v^2 - v_0^2 = 2w\left[v_0 t + \frac{wt^2}{2}\right].$$

On voit que la parenthèse est égale à l'espace e parcouru par le mobile. On en déduit.

$$v^2 - v_0^2 = 2we = 2\frac{F}{m}e,$$

ou

$$Fe = \frac{mv^2}{2} - \frac{mv_0^2}{2}.$$

Le premier membre de cette équation est le travail de la force pendant le temps considéré, le second membre est l'excès de la demi-force vive actuelle du mobile sur sa demi-force vive initiale.

Ainsi, *quand une force constante agit sur un corps dans le sens de sa vitesse, l'accroissement de la demi-force vive du corps pendant un certain temps est égal au travail de la force.*

De même, si la force agissait en sens contraire de la vitesse du corps, la diminution de demi-force vive serait égale au travail résistant de la force.

185. — Ainsi, quand un corps de masse m tombe d'une hauteur h, le poids mg de ce corps a effectué au bas de la chute un travail égal à mgh, et la vitesse v acquise par le mobile satisfait à l'équation

$$mgh = \frac{mv^2}{2},$$

d'où l'on tire

$$v^2 = 2gh,$$

relation identique à celle que nous avons déjà obtenue (158).

De même, quand un corps est lancé de bas en haut avec une vitesse v_0, il s'élève à une hauteur h telle que le travail résistant $-mgh$ du poids du corps soit égal à la demi-force vive initiale, ce qui donne

$$-mgh = -\frac{mv_0^2}{2},$$

ou

$$v_0^2 = 2gh.$$

Quand un corps tombe le long d'un plan incliné de hauteur h, le travail du poids au bas du plan est mgh et la vitesse v acquise par le mobile est encore donnée par l'équation

$$mgh = \frac{mv^2}{2}, \quad \text{ou } v^2 = 2gh;$$

cette vitesse est donc indépendante de l'inclinaison du plan (163).

186. — Les différents théorèmes que nous venons d'établir ne sont que des cas particuliers d'une loi beaucoup plus générale, que nous ne pouvons pas démontrer ici, mais qui est d'une grande importance en mécanique. Cette loi peut être énoncée de la manière suivante :

Lorsque des forces quelconques agissent sur un système matériel, l'accroissement de la somme des demi-forces vives des différents points du système, pendant un certain temps, est égal à la somme des travaux de toutes les forces qui agissent sur les différents points pendant le même temps.

Dans l'évaluation du travail il faut tenir compte des forces intérieures, c'est-à-dire de celles qui agissent entre les différents points du système considéré. Si les points du système restent à des distances invariables les uns des autres, c'est-à-dire forment un corps solide, les forces intérieures étant deux à deux égales et de signes contraires (29) et directement opposées, peuvent être supprimées. Dans ce cas, l'accroissement de force vive du corps ne dépend que des forces extérieures.

Ainsi, quand un corps tombe en glissant sans frottement sur une courbe quelconque, le travail de la pesanteur (172) est indépendant de la nature de la courbe et le même que si le corps était tombé en chute libre. Comme la demi-force vive est égale à ce travail, il en résulte que la vitesse acquise par le mobile est indépendante de la nature du chemin parcouru et ne dépend que de la hauteur de chute; cette vitesse est la même que si le mobile était tombé verticalement de la même hauteur.

Pendule

187. — On peut utiliser cette dernière remarque pour étudier le mouvement du pendule.

Supposons qu'un corps pesant C soit suspendu à un point fixe O (fig. 147) par un fil inextensible. Si le corps est de dimensions assez petites pour qu'on puisse le remplacer par un point matériel et si le poids du fil est négligeable, l'appareil constitue un *pendule simple*.

Quand il est abandonné à lui-même et en repos, le fil est vertical; le poids du corps est équilibré par la tension du fil. Si

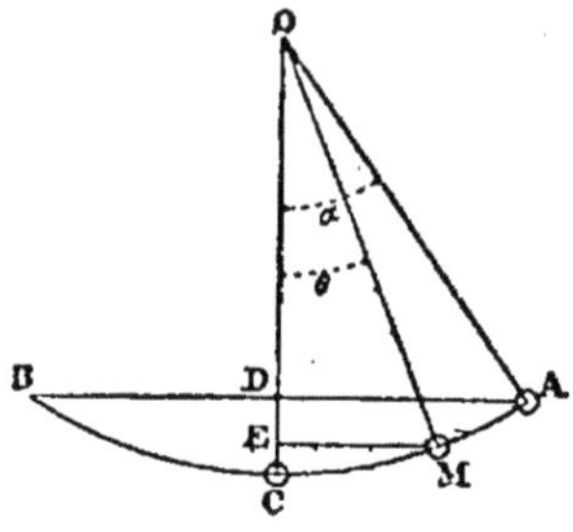

Fig. 147.

l'on amène le corps à une certaine distance A et qu'on l'abandonne ensuite à lui-même, il revient vers sa position d'équilibre C, en restant dans le plan AOC, par raison de symétrie. Il dépasse ensuite cette position d'équilibre en vertu de la vitesse acquise, remonte jusqu'au point B à la hauteur primitive, si l'on néglige les frottements au point de suspension et la résistance de l'air; sa vitesse est alors nulle, puis il revient vers le point C, remonte jusqu'en A, et ainsi de suite. Chacun des mouvements de A en B ou de B en A constitue une *oscillation simple*. Le mobile est ainsi assimilable à un corps qui peut glisser sans frottement sur une circonférence ACB située dans un plan vertical.

Soit M sa position à une certaine époque. Si l'on abaisse sur la droite OC les perpendiculaires AD et ME, le mobile est descendu de la hauteur DE; sa vitesse v est donc

$$[1] \qquad v^2 = 2g \times \text{DE}.$$

Soit α l'*angle d'écart* initial AOC, θ l'angle d'écart MOC relatif au point M, l la *longueur* OC = OA du pendule. On a évidemment

$$\text{DE} = \text{OE} - \text{OD} = l(\cos\theta - \cos\alpha).$$

Si l'angle d'écart est très petit, on peut remplacer $\cos\alpha$ par $1-\frac{\alpha^2}{2}$ et $\cos\theta$ par $1-\frac{\theta^2}{2}$, ce qui donne

$$DE=\frac{l}{2}(\alpha^2-\theta^2)=\frac{1}{2l}(l^2\alpha^2-l^2\theta^2).$$

Comme les expressions $l\alpha$ et $l\theta$ représentent respectivement les longueurs des arcs CA et CM, l'équation [1] devient

[2] $$v^2=\frac{g}{l}(\overline{CA}^2-\overline{CM}^2).$$

La vitesse croît à mesure que le mobile marche de A en C, puisque l'arc CM diminue depuis CA jusqu'à zéro. Au point C la vitesse prend une valeur maximum V, qui est

[3] $$V^2=\frac{g}{l}\overline{CA}^2,$$

elle diminue ensuite quand le corps remonte de C en B, où elle est nulle. Puis le corps revient de B en A et reprend au point M la valeur qu'il avait au premier passage, mais en sens contraire.

Le problème se ramène alors à celui d'un mouvement circulaire uniforme. Sur une droite B'A' (fig. 148) de longueur égale

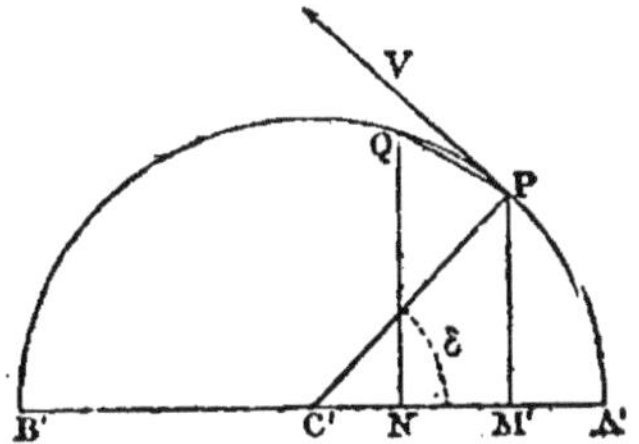

Fig. 148.

à l'arc BA, prise comme diamètre, menons la circonférence A'PB' et supposons qu'un mobile parti du point A', avec la vitesse V, décrive cette circonférence d'un mouvement uniforme. Soient P la position de ce mobile à une certaine époque t, M' sa projection sur le diamètre B'A', δ l'angle PC'A'; soient, de même, Q la position du mobile à l'époque t' et N sa projection. Le déplacement M'N de la projection du mobile est la projection du déplacement PQ de ce mobile sur la circonférence; la vitesse moyenne $\frac{M'N}{t'-t}$ de la projection pendant le temps $t'-t$ est donc égale à la projection de la vitesse moyenne $\frac{PQ}{t'-t}$ du mobile.

A mesure que l'intervalle de temps $t'-t$ diminue de plus en plus, la vitesse moyenne du mobile tend vers sa vitesse réelle V tangente à la circonférence; elle fait avec la droite B'A' l'angle $90^\circ-\delta$. La vitesse correspondante v' de la projection est donc

$$v' = V\cos(90^\circ-\delta) = V\sin\delta.$$

Comme on a

$$\sin^2\delta = \frac{\overline{PM'}^2}{\overline{C'M'}^2} = \frac{\overline{C'P}^2-\overline{C'M'}^2}{\overline{C'P}^2} = \frac{\overline{CA}^2-\overline{C'M'}^2}{\overline{CA}^2},$$

il en résulte, en remplaçant le rapport $\frac{V^2}{\overline{CA}^2}$ par sa valeur tirée de l'équation [3],

$$v'^2 = \frac{g}{l}(\overline{CA}^2-\overline{C'M'}^2).$$

Si la distance C'M' est égale à l'arc CM, c'est-à-dire si la distance du pendule à sa position d'équilibre, comptée sur l'axe de circonférence, est égale à C'M', les vitesses v et v' sont les mêmes.

En d'autres termes, la vitesse du pendule est égale, à chaque instant, à la vitesse de la projection du mobile considéré et leurs mouvements sont identiques.

Le temps T employé par cette projection à parcourir le diamètre A'B' est égal au temps que met le mobile à parcourir la demi-circonférence A'PB' avec la vitesse constante V, ce qui donne

$$T = \frac{\pi \times C'A'}{V} = \pi \frac{CA}{V},$$

ou, en tenant compte de l'équation [3],

$$[4] \quad T = \pi \sqrt{\frac{l}{g}}.$$

Telle est la durée de l'oscillation simple pour un pendule de longueur l, en un lieu où l'accélération de la pesanteur est g.

Il en résulte les lois suivantes, que Galilée avait déduites de l'expérience :

1° La durée des oscillations du pendule est indépendante de l'angle d'écart, pourvu que cet angle soit assez petit. C'est ce qu'on appelle l'*isochronisme* des petites oscillations;

2° La durée des oscillations d'un pendule est proportionnelle à la racine carrée de sa longueur.

Si l'on détermine, par expérience, la durée des oscillations d'un pendule et sa longueur, la formule [4] permettra de calculer la valeur de g, car elle donne $g = \frac{\pi^2}{T^2} l$.

C'est là une méthode très précise pour connaître l'accélération due à la pesanteur. On réalise le pendule dans des conditions aussi rapprochées que possible de celles qu'on a admises dans le calcul, en suspendant une sphère de métal par un fil métallique très fin et il reste alors à faire quelques corrections indiquées par une théorie plus complète.

Le pendule est très employé pour régler le mouvement des *horloges*. Dans ces instruments une force motrice, telle que la descente d'un poids ou la tension d'un ressort, met en mouvement un ensemble de rouages. La dernière roue du système, ou *roue d'échappement*, est disposée de manière à marcher d'une dent à chacune des oscillations d'un pendule; elle entretient en même temps son mouvement, qui finirait bientôt par s'arrêter à cause des frottements et de la résistance de l'air, à l'aide d'une petite impulsion que donne, à chaque oscillation, la dent qui s'échappe. Si la tension du ressort diminue ou que l'action du poids moteur soit affaiblie par les frottements, ces impulsions sont plus faibles; l'écart du pendule diminue alors, mais la durée des oscillations est à peu près invariable et la marche de l'horloge reste régulière.

Résistances passives

188. — Toutes les machines peuvent être considérées comme ayant pour but de transformer le travail moteur en travail résistant; mais, dans les exemples que nous avons étudiés, nous n'avons pas traité la question d'une machine complète. Nous avons considéré seulement la résistance que l'on se propose de vaincre et en vue de laquelle la machine a été construite, par exemple, le poids du fardeau que l'on veut soulever. Il y a en outre d'autres résistances que l'on ne peut pas éviter d'une manière absolue et qui dépensent une partie du travail moteur sans effet utile. Ainsi, dans un plan incliné, il s'exerce un frottement entre le corps et le plan. Nous avons vu que, pour élever un corps par une force parallèle au plan, la force nécessaire est d'autant plus petite que la pente du plan incliné est plus faible; mais d'autre part, le frottement augmente à mesure que la pente diminue. On voit que les résultats auxquels nous sommes parvenus doivent être modifiés d'une manière notable dans la pratique. De même, dans les poulies et le treuil, une partie du travail moteur est absorbée par la roideur des cordes et par le frottement des tourillons sur les coussinets. Enfin, des corps étrangers au mécanisme, les colonnes d'appui, le sol, l'air ambiant peuvent être mis en vibration et recevoir une certaine quantité de force vive inutile, aux dépens du travail moteur.

Il y a ainsi, dans toute machine, un certain nombre de résistances qu'on appelle *passives;* ces résistances proviennent des frottements qui s'exercent entre les différentes pièces de la machine, de la roideur des cordes, de la résistance de l'air et de la vitesse communiquée à des corps étrangers. Le travail résistant est donc composé de deux parties : l'une due à la résistance utile, et qu'on nomme pour cela *travail utile*; l'autre due aux résistances passives, et qu'on nomme *travail passif.* En désignant par T_u le travail utile, par T_f le travail passif, et par T_r le travail résistant total, on aura donc

$$T_r = T_u + T_f.$$

Quand la machine se meut d'un mouvement uniforme, le travail moteur est égal au travail résistant, et l'on a, en appelant T_m le travail moteur,

$$T_m = T_u + T_f.$$

Si bien construite et si bien entretenue que soit une machine, il est impossible d'annuler complètement le travail passif, et le travail utile est toujours plus petit que le travail moteur. Une machine ne rend donc en effet utile qu'une partie du travail moteur qu'elle reçoit, et l'on appelle *rendement* de la machine le rapport qu'il y a entre le travail utile et le travail moteur. L'équation précédente donne

$$\frac{T_u}{T_m} = 1 - \frac{T_f}{T_m}.$$

Le rendement est donc toujours plus petit que l'unité : il s'approche d'autant plus de l'unité que la machine est plus parfaite.

Dans la plupart des machines, la résistance à vaincre, ou le travail utile, est l'objet principal de la machine. Il y en a d'autres où l'on se propose seulement d'obtenir la marche régulière d'un mécanisme, comme dans les horloges et les chronomètres, ou une combinaison ingénieuse de mouvements, comme dans les machines à broder; alors le travail moteur est complètement absorbé par les résistances passives.

On comprend d'après cela l'impossibilité du *mouvement perpétuel*. Le problème du mouvement perpétuel consiste à trouver une machine qui, une fois mise en mouvement, non seulement conserve indéfiniment son mouvement, mais encore produise constamment un travail utile. Considérons une machine à laquelle on ait imprimé une certaine vitesse à l'aide d'une force motrice, et supprimons ensuite cette force. Supposons même que le travail utile soit nul; quelle que soit la perfection du mécanisme, on ne peut pas annuler les résistances passives, et par suite le travail résistant. Comme le travail moteur est nul, le mouvement ne pourra pas rester uniforme à cause du travail résistant; la vitesse des différents points ira constamment en diminuant. Au bout d'un temps plus ou moins long, la machine s'arrêtera, à moins que la force motrice n'intervienne de nouveau.

FIN

TABLE DES MATIÈRES

Pages

INTRODUCTION 1

STATIQUE. 2

CHAP. I. DÉFINITION ET MESURE DES FORCES. 2

CHAP. II. COMPOSITION DES FORCES APPLIQUÉES A UN MÊME POINT. . . . 6

Composition des forces agissant suivant la même droite. 9

Composition de deux forces agissant dans des directions différentes. 10

Direction de la résultante. 11

Intensité de la résultante. 13

Composition d'un nombre quelconque de forces. 14

Calcul de la résultante. 16

Décomposition d'une force en plusieurs autres, appliquées au même point. 17

Conditions d'équilibre de forces appliquées à un même point. . . . 19

Moments des forces par rapport à un point. 23

Exercices. 26

CHAP. III. COMPOSITION DES FORCES PARALLÈLES APPLIQUÉES A UN CORPS SOLIDE. 27

Notions sur les corps solides. 27

Composition des forces concourantes. 28

Composition de deux forces parallèles et de même sens 29
Composition de deux forces parallèles et de sens contraires. . . . 31
Composition d'un nombre quelconque de forces parallèles. 32
Centre de forces parallèles. 34
Décomposition d'une force en plusieurs forces parallèles. 35
Moments des forces parallèles par rapport à un plan. 39
Exercices 44

CHAP. IV. CENTRES DE GRAVITÉ 45
Centre de gravité de la surface d'un triangle 48
Centre de gravité du contour d'un triangle. 49
Centre de gravité du trapèze. 51
Centre de gravité d'un quadrilatère quelconque. 54
Centre de gravité d'un prisme triangulaire. 55
Centre de gravité d'un prisme quelconque. 56
Centre de gravité d'une pyramide triangulaire. 57
Centre de gravité d'une pyramide quelconque. 59
Centre de gravité d'un tronc de pyramide triangulaire. 61
Centre de gravité d'un arc de cercle. 63
Exercices. 64

CHAP. V. COMPOSITION D'UN SYSTÈME QUELCONQUE DE FORCES APPLIQUÉES A UN CORPS SOLIDE. 65
Équilibre de deux forces. 66
Équilibre de trois forces 67
Cas où deux forces n'admettent pas de résultante unique. 68
Réduction d'un nombre quelconque de forces à deux. 70
Conditions d'équilibre d'un corps solide. 73
Équilibre d'un corps solide appuyé contre une surface. 74
Exercices. 79

CHAP. VI. DES MACHINES. 79
Plan incliné. 80
Levier. 83
Balance. 86
Romaine 92
Balance de Roberval. 95
Bascule de Quintenz. 98
Poulie fixe. 102
Poulie mobile. 104
Moufles. 105
Treuil 109
Exercices 113

CINÉMATIQUE 114

Chap. I. Différentes espèces de mouvements 114
Mouvement rectiligne et uniforme. — Vitesse 115
Mouvement rectiligne varié. — Vitesse moyenne. 116
Mouvement rectiligne uniformément varié. — Accélération. 118
Mouvement rectiligne quelconque. — Accélération 121
Mouvement curviligne. — Vitesse. 122
Mouvement de rotation uniforme. — Vitesse angulaire. 123

Chap. II. Composition des mouvements. 124
Composition de deux mouvements rectilignes et uniformes suivant la même droite. 126
Composition de deux mouvements rectilignes uniformément variés suivant la même droite 130
Composition de deux mouvements rectilignes et uniformes dans deux directions différentes 131
Décomposition d'une vitesse en plusieurs autres. 136
Mouvements apparents. 137
Accélération dans le mouvement curviligne. 140
Exercices 143

DYNAMIQUE. 144

Chap. I. Lois expérimentales. 144
Loi de l'inertie. 144
Loi des mouvements relatifs. 145
Mouvement d'un point matériel soumis à une force constante en grandeur et en direction. 147
Mouvement d'un point matériel soumis à deux forces constantes et parallèles 149
Proportionnalité des forces aux accélérations. 151
Définition de la masse. 152
Mouvement produit par une force variable. 155

Chap. II. Problèmes sur la pesanteur 157
Mouvements verticaux. 157
Mouvement sur un plan incliné. 160
Mouvement des projectiles 163
Exercices 166

Chap. III. Travail 167
Cas où la force est constante et le déplacement dans la direction de la force. 167

Cas où la force est constante et le déplacement rectiligne, mais incliné sur la direction de la force. 170
Cas où la force est constante et le déplacement curviligne 172
Du travail dans les machines. 173
Travail dans le plan incliné. 174
Travail dans le levier 175
Travail dans la poulie fixe. 176
Travail dans la poulie mobile 177
Travail dans les moufles. 177
Travail dans le treuil 178
Cheval-vapeur 179
Force vive. 181
Pendule. 185
Résistances passives. 189

1019-10. — Coulommiers. Imp. Paul BRODARD. — P8-10.

518-10. — Coulommiers. Imp. Paul BRODARD. — 8-10.

www.ingramcontent.com/pod-product-compliance
Ingram Content Group UK Ltd.
Pitfield, Milton Keynes, MK11 3LW, UK
UKHW020322230726
13925UKWH00002B/573